知识大揭秘

饶的海洋

于 雷◎编写

吉林出版集团股份有限公司
全国百佳图书出版单位

图书在版编目（CIP）数据

富饶的海洋 / 于雷编. –– 长春：吉林出版集团
股份有限公司, 2019.11（2023.7重印）
（全新知识大揭秘）
ISBN 978-7-5581-6285-5

Ⅰ.①富… Ⅱ.①于… Ⅲ.①海洋学 – 少儿读物
Ⅳ.①P7-49

中国版本图书馆CIP数据核字（2019）第003241号

富饶的海洋
FURAO DE HAIYANG

编　　写	于雷
策　　划	曹恒
责任编辑	林丽　李娇
封面设计	吕宜昌
开　　本	710mm×1000mm　1/16
字　　数	100千
印　　张	10
版　　次	2019年12月第1版
印　　次	2023年7月第2次印刷
出　　版	吉林出版集团股份有限公司
发　　行	吉林出版集团股份有限公司
地　　址	吉林省长春市福祉大路5788号
	邮编：130000
电　　话	0431-81629968
邮　　箱	11915286@qq.com
印　　刷	三河市金兆印刷装订有限公司
书　　号	ISBN 978-7-5581-6285-5
定　　价	45.80元

浩瀚的海洋是"蓝色的宝库",它为人类提供和储备着极为丰富的各种资源,与人类的关系极为密切。

海水经过淡化,可以大量提供生活、农业和工业用水,这对解决陆地水源不足的干旱国家和地区的用水问题有着极为重要的意义。

海水中还含有各种盐类,如氯化钠、氯化镁、硫酸钙、氯化钾等。仅氯化钠(普通食盐)一种,每立方千米海水中就含有4000万吨。若将海水中的盐类全部提取出来,它的体积能把北冰洋填平。

目前,人们在陆地上发现了180多种元素,在海水中已找到近80种。可以预料,随着科学的发展和技术的进步,陆地上的所有元素都可以在海水中找到。

海洋还是矿产资源的"聚宝盆"。海底矿产资源种类繁多,储量巨大。寻找、预测和开发海底矿产资源是海洋地质学的重要任务。目前已经开发的海底资源有20多种,其中最主要的是石油、天然气、锡、铁和煤。

海洋的动力资源十分巨大,目前利用潮汐发电已显示出经济意义。据计算,世界海洋的潮汐能量约有10亿千瓦。

海洋是生命的摇篮。现有的海洋生物有16万多种。其中最低级的是海洋植物，以浮游植物为主，其次是吃这些植物的动物，再次是捕食这些动物的食肉动物。这是一个完整的海洋生物链，它们维持着海洋里的生态平衡，形成了富饶的海洋生物资源。这些生物资源是人类食物的重要来源。海洋每年繁殖各种生物400亿吨，可向人类提供的食物要比陆地全部可耕农田所提供的食物多1000倍，而且这些生物的营养十分丰富。渔业是人类最古老的事业之一，如果利用科学的方法和专业的工艺来加快鱼类的繁殖，借助潜艇和人造通信卫星捕鱼，促使渔业迅速发展，其发展速度要比发展农业生产来得快。

海洋还是人类未来的"大药房"。科学工作者用现代科学方法从20多万种海洋生物中筛选出具有药理活性的海洋生物（细菌、真菌、植物和动物）1000种以上，同时还从海洋矿产和黑泥中发现和提炼山多种药物。日本科学家还从海洋动植物中分离出大约3000种有医用价值的物质。按海洋药物的用途大体可分为：治心脑血管系统疾病药物、抗癌药物、抗微生物感染药物、滋补保健药物和其他药物五大类，构成一个门类较齐全、数量众多、品种繁杂的"蓝色大药房"。它们既可用于人类疾病（特别是癌症）的防治，又可用作农牧业的病虫害防治。

MULU 目录

第一章　硕大无朋 蕴藏珍宝

目录 MULU

MULU 目录

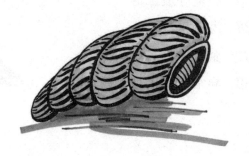

3

目录 MULU

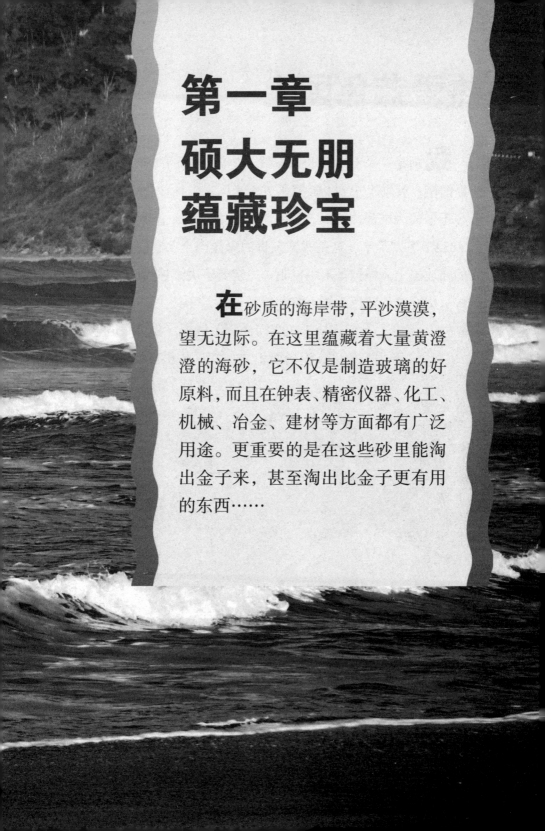

第一章
硕大无朋
蕴藏珍宝

在砂质的海岸带，平沙漠漠，望无边际。在这里蕴藏着大量黄澄澄的海砂，它不仅是制造玻璃的好原料，而且在钟表、精密仪器、化工、机械、冶金、建材等方面都有广泛用途。更重要的是在这些砂里能淘出金子来，甚至淘出比金子更有用的东西……

热爱蓝色国土

我国是一个有着漫长海岸线、广阔领海的海洋大国。多数人一提国情，就马上想到 960 万平方千米国土，往往忽略我国还有 1.8 万多千米的大陆海岸线，还拥有渤海、黄海、东海和南海，其总面积 483.97 平方千米。这是我国宝贵的海洋国土。它同 960 万平方千米的陆地国土一样神圣不可侵犯。一定要坚决维护我国的海洋权益，管好、用好这片蓝色的国土资源。

我们还应该树立海洋资源概念。我国海域是海洋生产力高值区，渔场面积 280 多万平方千米，主要经济鱼类 1500 多种。海岸曲折多湾，良

港密布，可供选择建设中级以上泊位的港址 160 多处。近海大陆架石油储量约 300 亿吨，天然气 14 万亿立方米。沿海有宜晒盐滩地8400 多平方千米，滨海平原区地下还分布有大量浓度高、易开采的盐化工工业原料——卤水。我国沿海分布丰富的可开采砂矿，如锆石、独居石、钛铁、沙金和金刚石等 60 多种。我国东南沿海具有丰富的潮汐、波浪、温差与盐度差等洁净可再生能源。

　　我国沿海地跨热带、亚热带与温带 3 个气候带，同时具备阳光、空气、沙滩、海水和植被五大旅游要素，有滨海旅游景点 1500 多处，其中有 16 个历史文化名城，25 处国家重点风景名胜区分布在这里。我们应该树立起利用和保护海洋的概念，珍惜海洋资源。

海底石油的形成

在辽阔的海底蕴藏着丰富的石油和天然气资源。我国有 1.8 万多千米的漫长海岸线，浅海大陆架宽阔，渤海、黄海、东海及南海的南北两翼都有面积广大、沉积巨厚的大型盆地，石油和天然气的蕴藏量极大。

蕴藏在海底的石油和天然气是有机物质在适当的环境下演变而成的。这些有机物质包括陆生和水生的繁殖量最大的低等植物，死亡后从陆地搬运下来，或从水体中沉积下来，同泥沙和其他矿物质一起，在低洼的浅海环境或陆上的湖泊环境中沉积，形成了有机淤泥。这种有机淤泥又被新的沉积物覆盖，埋藏起来，造成氧气不能自由进入的还原环境。随着低洼地区的不断沉降，沉积物不断加厚，有机淤泥所承受的压力和温度不断增大，处在还原环境中的有机物质经过复杂的物理、化学变化，逐渐地转化成石油和天然气。经过数百万年漫长而复杂的变化过程，有机淤泥经过压实和固结作用后，变成沉积岩，形成生油岩层。

沉积岩最初沉积在像盆一样的海洋或湖泊等低洼地区，称为沉积盆地，沉积盆地在漫长的地质演变过程中，随着地壳运动所发生

的"沧海桑田"的变化，海洋变成陆地，湖盆变成高山，一层层水平状的沉积岩层发生了规模不等的挠曲、褶皱和断裂等现象，从而使分散混杂在泥沙之中具有流动性的点滴油气离开它们的原生之地（生油层），经"油气搬家"再集中起来，储集到储油构造当中，形成了可供开采的油气矿藏。所以说，沉积盆地是石油的"故乡"。

海上石油勘探

海底的储油构造，上面常被近代沉积物覆盖着，而且还隔着一层厚厚的海水，看不见，摸不着。怎么才能找到它呢？这就要想方设法进行勘探。目前我国在海上勘探石油和天然气以地震勘探为主，协调配合重力、磁力和测深等地球物理勘探，进行综合海洋地质调查。

海洋地震勘探法是利用精密的地震仪，接收由炸药或非炸药震源激发引起地壳弹性震动所产生的地震波，在岩层中传播的规律，测定海底岩层的埋藏深度和起伏形状，探索海底的储油构造，了解矿床分布情况，寻找油气田。地震波的传播速度很快，每秒钟达2～5

千米，最快可达 8 千米，几千米深的岩石界面，只要零点几秒，地震波就可反射到海面上来。

地震勘探的施工程序，是把高精密的数字地震仪安装在有专门

导航定位设备和其他专用装备的舰只上，把地震检波器组阵组装在密封的聚氯乙烯套管中成等浮电缆，悬浮在海面下 10 米左右，由船拖曳。在距船尾 30 ～ 40 米处，把激发地震波的非炸药震源沉放到海水下 10 米左右。船以 9 ～ 10 千米 / 小时的速度沿设计的测线航行，震源间隔 12 ～ 20 秒，地震仪也以同样间隔时间把海底反射回来的地震波接收记录下来，以此进行海上地震勘探的连续观测。然后将地震记录用电子计算机进行处理，自动给出地层剖面图和构造图。采用这种勘探方法，每日可完成 100 多千米的剖面测线长度。

储油构造

　　大陆架的地层常常是由砂岩、页岩、石灰岩等构成的，这些都叫沉积岩。沉积岩本来应当成层地平铺在海底，但由于地壳变动，使它们变弯、变斜或断裂了。向上弯的叫背斜，向下弯的叫向斜。有的像馒头状的隆起叫穹隆背斜。有些含有石油的沉积岩层，由于构造变动的影响，石油都跑到背斜里去了，所以背斜往往是储藏石油的"仓库"，在石油地质学上叫"储油构造"。通常，在储油构造的顶部是天然气，中间是石油，底部是水，找油就是先找这种构造。

石油宝库——波斯湾

波斯湾，简称海湾，是印度洋阿拉伯海西北海湾，南经霍尔木兹海峡同阿曼湾衔接，长约1000千米，宽180～320千米。面积24.1万平方千米。平均深25米，最深102米，盐度高达38‰～40‰。水温8月可达30℃～33℃，产珍珠和鱼。当然，最主要的是盛产石油。

海湾地区，不但海底产油，海湾沿岸各国通通产油。整个地区，几乎成了一块"泡在油盆中"的土地。全世界探明储量在10亿吨以上的超级油田共11个，海湾地区就占了7个。整个地区约有150个油田，分布在南北长1900千米，

东西宽 800 千米的地区。总产量占世界总产量的 1/3 以上。

　　海湾国家中的沙特阿拉伯是世界上储油最多和出口量最大的国家，素有"石油王国"之称。据估计，其石油储藏量有 240 亿吨，约占世界总储量的 1/4，主要分布在波斯湾沿岸的东部省份和波斯湾内。沙特阿拉伯是世界上第一大石油输出国，每年出口原油 3 亿吨以上，输出石油及其产品占总输出额的 90%。自达兰至黎巴嫩的赛达，筑有长达 1770 千米的输油管道，这条输油管道是中东最长的输油管道。世界上最大的海上油田——萨凡尼亚油田，在沙特阿拉伯的波斯湾内，日产油 150 万桶左右。波斯湾内的腊斯塔努腊港（属沙特阿拉伯），是世界最大的原油输出港，年输油能力为 3 亿吨。

珊瑚礁与矿藏及其他

珊瑚灰岩的孔隙度高，是石油、天然气良好的储藏层。在具备一定的地质条件时（形成储油构造），便能形成丰富的石油矿床。例如中东伊拉克的第三纪珊瑚灰岩，就是含油丰富的油田。

在珊瑚灰岩中也能形成煤炭矿藏。热带地区的珊瑚礁上，由于长有茂密的植被，它更为形成大规模的沼泽泥炭，进而成煤提供了

条件。例如俄罗斯的下石炭纪煤炭，就是这样形成的。

珊瑚灰岩也是铝土矿的优良储藏所。热带红壤型风化壳经雨水淋洗，就会形成含氧铝的胶体溶液。溶液汇集在四周被珊瑚礁封闭的宁静海湾或泻湖中，并渗浸到多孔隙的珊瑚灰岩里，经过长期的聚积作用，即可形成铝土矿。在我国海南岛沿岸，类似的成矿作用至今还在进行之中。

此外，珊瑚礁还是磷矿的富集场所。我国南海诸岛，鸟粪层（含磷极高）堆积十分丰富，仅西沙群岛上的鸟类储量就不下100万吨。

大洋中的某些珊瑚礁上，鸟粪层最厚的达30米。珊瑚灰岩可作为建筑材料；珊瑚的碳酸钙含量在75% ～ 90%，可以烧制石灰、水泥等，也可作为石灰撒在红壤里，改良强酸性土壤。

环礁所包围的泻湖，往往有狭窄的通道与外海沟通，因此，礁内的泻湖可作为船舶的天然避风港。珊瑚礁覆盖的海底平顶山，可作为水下实验室的优良基地。某些种属的珊瑚，还是有用的药材。

海砂藏珍

海洋有着丰富的矿产资源。在大陆架，除了储量巨大的海底石油和天然气等以外，在滨海地带的矿层中，往往还蕴藏着"大量的金刚石、砂金、矿铂、石英，以及含有大量稀有元素的金红石、锆石、独居石、钛铁矿等矿物。由于它们在滨海地带，富集成矿，所以通常称为"滨海砂矿"。

从 20 世纪 60 年代起，硅就被广泛应用于无线电技术、电子计算机、自动化技术和火箭导航等方面，是整流元件和功率晶体管的理想材料。用硅制成的太阳能电池，重量轻，供电时间长。我国发射的人造卫星上就采用了这种电池。熔融石英则是制造紫外线灯管不可缺少的材料，因为一般玻璃会吸收紫外线，而石英却能让紫外线通行无阻。

海砂中的金刚石也很诱人，它是由碳酸组成的结晶体，大多呈浅黄、天蓝、黑、玫瑰红等颜色，常被琢磨成宝石。但是，金刚石最大的用途是制造勘探和开采地下资源的钻头，以及用于机械、光学仪器加工等方面。

从海砂里，还可以分选出金红石、钛铁矿等矿物。它们是提取

金属钛的重要原料。

　　锆石是提取锆的原料。锆的熔点高达1850℃，而它的氧化物的熔点更高，达2700℃以上，使它在耐火材料、电工、玻璃等工业中找到了用武之地。

　　从海砂中，还可以分选出砂金、磁铁矿、锡石、黑钨砂、钶钽铁矿、石榴石、磷灰石等矿物。

潜伏在海底的热水矿床

20世纪60年代中期首次在红海海底发现了重金属泥，因而引起了有关热水矿床的调查与研究。当时，正值围绕海底是否扩大的问题进行活跃探讨并逐步形成板块构造理论之际，人们认为重金属泥的形成与海底扩大有密切联系。出于对已发现的重金属泥资源方面的关注，更由于这种发现在学术上所引起的兴趣，美、法等国科学家沿着被认为是海底扩张源地的海岭，进行了一系列积极的探查。结果，在东太平洋海岸的扩大中心地区（形成板块的地方）第一次发现了块状硫化物矿床。第二年，也就是1979年，美国"阿鲁滨"号潜水调查船探查到喷出黑烟的"烟筒"。接着，先后在美国西海岸近岸海底的7个地方，发现了具有相当规模的热水矿床。

热水矿床分布在水深2500～3000米地质活动频繁的海底。它的特点是具有烟筒状的热水喷出口。热水矿床中有闪锌矿、黄铜矿、纤锌矿、磁硫铁矿等，其主要成分是锌、铜、铅，

也有含金或银的。

热水矿床是怎么形成的呢？目前的研究结果认为，从岩石裂缝溶入海底的海水，被进入靠近海底岩层的岩浆加热，获得某些金属成分之后，又与从岩浆分离的热水溶液一起上升，经海水冷却之后就形成了热水矿床。

热水矿床又被称为"烟筒"的圆筒状热水喷出口，一般认为"烟筒"是由热水中含有的矿物质沉淀形成的。在烟筒周围有叫作"堤"的小丘，"堤"是由停止活动的烟筒的残片堆积而成的。"烟筒"和"堤"就是人们开发的对象——热水矿床。

"镇海之宝"
——锰结核

1873年12月18日，英国战舰"挑战者"号航行到加拿利群岛的费罗岛西南大约300千米的海域，在用拖网采集洋底沉积物样品时，偶然发现了一种类似鹅卵石的东西，颜色呈红褐色或是土黑色，这就是锰结核。

锰结核是一种自生于大洋海底的矿物，松散地分布在大洋底表面，以锰和铁的氧化物、氢氧化物为主要成分，含有多种金属元素，如铜、镍、钴等，大都以结核状存在，所以又叫多金属结核。

锰结核矿被认为是世界上储量最大的深海矿产资源，也是一种具有商业开采价值的矿产资源。

锰结核是怎样形成的呢？

比较可信的理论是，锰结核由海面浮游生物在新陈代谢活动中聚集了海水中的金属而成，因为浮游生物带几乎与锰结核分布区相吻合。专家们相信，一些微生物能够从海水中提取金属，并且将这些金属组合成食物链，食物链被食用后，排泄物便掉到海底，经常包围住珊瑚虫、玄武岩等外界物质，于是就形成结核石，并逐渐生长。也有人认为，一些未知的环境因素，也许是缓慢的沉积物、高氧含量、有限的酸度和电势能，能够在海水中产生金属离子，附着在上述排泄物上，便形成结核石。

为了向海洋索取食物、原材料和能源，人类正大踏步地向海洋进军。锰结核是人类开发海洋的重要目标。

丰富的海洋资源
——深海软泥

江、湖会淤积，海洋也有沉积。海洋沉积按其深度和离岸的远近，一般可划分为大陆架沉积、大陆坡沉积以及覆盖大洋盆地和深海沟的深海沉积。其中，深海沉积物也叫"深海软泥"，它约占海洋底部总面积的70%。

几十年以前，在红海水深1900～2200米的海底裂谷，发现了4个富含金属和贵金属软泥的构造洼地。据估算，这里多金属软泥所含有的重金属，铜约有106万吨，锌以及伴生的铅、银和金约290万吨，铁2400万吨。这是近代海洋地质学的一项惊动世界的巨大发现。

分析表明，红海洼地里停积在多金属软泥层上的热卤水的含盐量确实大大高于一般的海水。除了其中所含的钠高度富集，比一般海水高8～9倍外，其他许多种金属确实在热卤水中高度

富集，如铁就比一般海水高 150 ～ 4000 倍，锰 500 ～ 8000 倍，锌 160 ～ 1000 倍。

这种富含铁、锰、铜、锌等金属的热卤水，目前仍然沿着这些具有高热流特征的红海海底裂谷带源源不断地涌出。

除了多金属软泥以外，其他深海软泥都有较广泛的分布。

例如硅质深海软泥富含硅质。特别是矽藻软泥（硅质深海软泥的一种），由于其中的矽藻介壳均由坚硬、难溶和化学性质稳定的矽石构成，而且矽藻的空心细胞所形成的气密空隙数目巨大，管隙细小，因此，矽藻土具有重大的经济价值。它可用作热和声的绝缘介质、过滤介体、吸附剂、质轻的耐火建筑材料以及粉末状的磨料等。

前程似锦的海洋矿业

海底矿藏有三大类，即锰团块、热水矿床和钴壳。最早被人类发现世界最重要的矿藏是锰团块。锰团块又称锰结核，它是直径为 1～20 厘米的块状物质，像卵石一样，堆积在水深 4000～6000 米的深海底。由于它含有丰富的有色金属，因而受到人们的关注。

第二类是热水矿床。它含有丰富的金、银、铜、锡、铁、铅、锌等，由于是火山性的金属硫化物，又称为"重金属泥"。它是由地下岩浆喷出的高温液体被海水冷却而堆积成的矿物。

这种重金属泥和锰团块不一样，系堆积在 2000～3000 米中等程度的海底上，所以开采比较容易，加上其中含有的贵重金属较多，价值很高，所以有很大吸引力。

第三类是钴壳。它是覆盖在海岭中部厚几厘米的一层壳。钴壳

中含钴约为 1%，为锰团块中的好几倍，而且分布在 1000～2000 米水深处。据调查，仅在夏威夷各岛的经济水域，蕴藏量便达 1000 万吨。钴壳中除含有钴外，还含有镍、铜、锰、铁等，经济价值约为锰团块的 3 倍。

这几类海地矿藏足够人类消费成千上万年。

液体矿石——海水

镁
Mg
12

铷
Rb
37

随着陆地金属资源的消耗，海洋金属资源越来越引人注目。在金属学家称为"液体矿石"的海水中已经发现了70种金属。虽然除镁和钠外，一般含量都是微不足道的，每升不过几百或几千毫克，但是也有工业价值。

镁本来主要从光卤石和白云石中提炼。近年来，海水却成了镁的重要来源。全世界海洋中，镁的贮量多到 2.2×10^{18} 吨。只要把海水引进池里，注入石灰乳，就能得到氧化镁。这个方法是在1916年英国人首先采用的。目前，海水提炼的镁占世界镁总产量的40%。

同样，从1916年起，英国工业家开始从海水中提取钾盐。日本人广泛采用"蜂窝盐水法"，从经过煮沸的盐水得到钾盐。用这种方法还可以得到贵重的金属锂、铷和铯。每升海水含有锂0.17毫克、铷0.12毫克、铯0.003毫克。锂合金是一种既轻又硬的金属，用于航空和汽车工业。用锂的氢氧化物制成的润滑油，在 -50℃ 的高寒地区仍不冻结。锂的比热大，还是一种良好的原子反应堆传热介质。铯可以制造有声电影、电视和自动化装置上的各种光电管。铷和它的某些盐类具有半导体性能。锂、铷、铯的广泛应用，必将进一步扩大它们的海洋开采量。

锂

Li

3

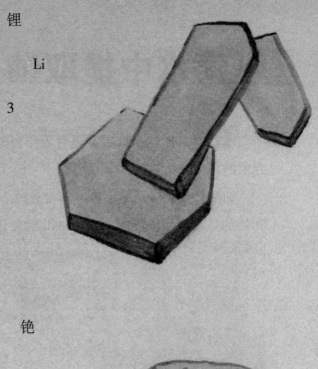

铯

Cs

55

　　海洋还是黄金的最大潜在矿藏提供者。全世界海洋中大约有 1×10^7 吨黄金；而陆地上，估计只有3.5万吨。

　　在海洋里，还有一种比黄金更有吸引力的金属，在世界海水中，估计有 4×10^9 万吨，这还不包括海底蕴藏的铀。日本已经有了从海水中提炼铀的工厂。

从海水中提取铀

在大自然这个百宝盆里有着丰富的铀资源。据测定，铀在地壳中的总蕴藏量达到几十万亿吨。

铀的总蕴藏量虽然不少，却很分散。坚硬的岩石、浩瀚的水域，到处都是它栖身的场所。由于铀的易变迁性，含铀的岩石伴随着沧

海桑田的变化,铀从岩石中转移到水里。如果水流中途没有什么变化,它便流入江河、湖泊和海洋。据估计,每年随河流迁入海洋的铀约有2.7万吨,海洋中铀的总储量大约45亿吨。

然而,海水提铀并非易事,为此科学家们绞尽脑汁。

前些年,人们试制成功了一批像海绵一样的吸附剂,专门用来从海水中吸铀。制造形形色色的吸附剂,并不十分困难,困难的是怎样才能使大量的海水与吸附剂接触。比较切实的方法,一是利用海潮、海流等,使海水和吸附剂不断接触;二是大搞综合利用,例如把海水淡化和海水提铀结合起来。海潮是一种威力很大的自然力,它推着海浪涌上了海滩,然后又慢慢退去。如果我们筑堤造坝,建立储藏潮水的潮水库,并在库内安放吸附剂,潮汐就会自动地、按时地为吸附剂输送新的海水。海流和海潮一样,也具有自然输送海水的能力,人们可以在海峡中放置吸附剂。沿海国家有的把核电站建在海滨,核电站用水量是很大的,这样可以把海水淡化,把核电站用水和海水提铀综合起来。

海洋元素——溴

海水中除食盐外，还有许多其他盐类，其总含量约有 5 亿吨，体积有 200 万立方千米，如果把它们平铺在陆地上，能使全球陆地升高 150 米。这些盐类含有多种元素，如镁、硫、钙、钾、溴、碳、氟、硼、铀、金等，其中溴的总储量达 100 万亿吨。

溴是一种贵重的药品原料。说它贵重，是因为大量的高级药物必须由它来制造，就连生产一般的消毒药也少不了它。大家熟悉的红药水、常用的青霉素、链霉素、普鲁卡因及各种激素等的生产都离不开溴。

用溴制成的熏蒸剂，可以把破坏庄稼生长的一些害虫消灭。用它制成一种专治花生线虫病的农药，可使花生产量大大提高。用它制成的抗爆剂，可以防止汽油的爆炸。把它加到染料里，可使织物颜色鲜艳而耐久。此外，塑料工业等也要大量用到它。

海水中溴含量大约为每升 65 毫克。在海水中溴以溴化镁和溴化钠的形式存在。经过晒盐和提取氯化钾后的卤水中，溴的含量已提高 100 倍左右。只要把卤水加入反应塔中，通过氯气和水蒸气蒸馏，

就可以把溴"蒸"出来。也可借助煤油从海水中提溴，煤油用过之后还可以回收。土法提溴可用盐酸作用于漂白粉或用二氧化锰氧化盐酸制取氯来提溴。

从海水中提取镁

在夜间射击时，曳光弹能显示出一条极为醒目的弹道，以便射手及时观察弹丸落下的地点，修正射弹的偏差，准确地射击敌人。曳光弹跟普通子弹在外形上并没有什么两样，所不同的只是在弹丸底部装进了曳光剂和氧化剂。曳光剂是显光的能手，由镁粉或镁铝合金组成。氧化剂是硝酸盐一类的物质，容易点燃，燃烧时能放出大量的氧，对曳光剂能起助燃作用。曳光剂和氧化剂配合起来，使曳光弹获得了显光的本领。

镁比铝轻，铝中"掺"上镁，是制造飞机和快艇的既轻又坚的材料。镁还可以做火箭的燃料。此外，冶金工业还利用镁作为还原剂、脱氧剂及球墨铸铁的球化剂。

海水中的镁，主要是以氯化镁和硫酸镁的形式存在。大规模地从海水中获取金属镁的工序并不复杂，将石灰乳加入海水，沉淀出氢氧化镁，注入盐酸，再转化成无水氯化镁，电解便可以得到金属镁。海水制取镁的中间产品氢氧化镁还可用于制取氧化镁、碳酸镁等其他产品。我们每天用的牙膏，它的主要成分是碳酸镁；水暖工人在水管上包上一层白白的石灰一样的东西，使水管在冬天 –10℃左右也不致冻裂，这也是碳酸镁的功劳。

镁是海水中浓度占第三位的元素。据估计，在每立方千米的海水中，可提取镁 130 万吨。海盐产量高的国家多利用制盐苦卤生产各种镁化合物。缺乏陆地镁矿的国家，可直接从海水中大量生产金属镁和各种镁盐。目前，世界上金属镁和镁化合物中很大一部分直接或间接取自海水。

从大海中提取碘

1811 年，拿破仑发动战争的烟云笼罩着法国，许多人为获得制造火药的硝酸钾而日夜进行实验。有一天，巴黎一位制硝技师不慎把过量的硫酸倒入海藻灰液中，灰液立刻冒出一股紫色的蒸

气，冷却后成了紫黑色有光泽的片状晶体。后来，化学家把它命名为碘。

碘是一种饶有风趣的元素，它不是金属，却闪耀着金属的光泽；它是固体，却容易升华。一般人认为碘蒸气是紫红色的，其实纯净的碘蒸气是深蓝色的。

大量的碘，对人体有害，而少量的碘，又是人体不可缺少的成分。

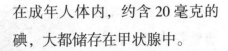

在成年人体内，约含20毫克的碘，大都储存在甲状腺中。

碘的酒精溶液是消毒、消肿的良药。碘的银盐——碘化银，是照相用的感光材料，也是人工降雨不可缺少的催化剂。在光学方面，碘有独到之处，利用它制造的偏光玻璃，安装到汽车窗上，不会被迎面驶来的汽车灯光照得眼花缭乱，因为通过偏光玻璃，车灯只是两个光点。

碘在尖端科学和军事工业生产上有重要用途。碘是火箭燃料的添加剂，在精制高纯度半导体材料锆、钛、硅时要用到碘，在切削钛等超硬质合金时，可以利用碘的有机化合物做润滑油。

一物多用的琼胶

琼胶，又称琼脂、冻粉、大菜糕、东洋大菜。它是从某些海生红藻类植物中，通过现代科学方法提制而成的。

琼胶的用途很广，如在工业上可做高级纺织品的填充剂和浆料，高级建筑和宾馆的墙壁粉刷剂；医药科研方面，用作生物、细菌的培养基，外科绷带和牙齿的印模；在食品工业方面，肉类罐头、菠萝酱、椰子酱、番茄酱、冰淇淋的制造，都不能没有琼胶。琼胶在各类罐头食品的制造中起着重要的作用，有了琼胶的存在，增强了罐头的防腐性和稳定性，食用时也备感香滑可口。有经验的点心师在制作牛油、奶油面

包和点心时，也常用到琼胶。

当前，我国一些大城市的大食品商场都有盒装的琼胶陈列或出售。

琼胶在某些疾病的诊断方面也发挥了重要的作用，如当前普遍推广用以检查肝病变化和初期肝癌的对流免疫电泳技术，也同样需要优质的琼胶。随着现代科学的迅速发展，琼胶的用途会越来越广。

大海里的"矿工"

尝过海水的人都知道，海水又咸又苦，这是因为海水里溶解了大量的气体物质和各种盐类。如果我们分别盛一盆自来水和一盆海水，放在太阳光下把它们晒干，就会发现：自来水晒干了，没剩下什么东西；海水晒干了，盆底上却留下一层白花花的盐。在这些盐里有一种叫作氯化钠的，就是我们每天吃的食盐，它是海水的主

要成分。另外，还有一种叫作氯化镁的，就是我们点豆腐用的卤块的主要成分，这是一种非常苦的东西。至于其他物质，还有很多种。海水里面有这么多盐类物质，怎能不咸不苦呢！

怎样才能把溶在海水中的大量金属"捞"上来呢？

生长在海洋中的大量动植物，是最有效的"冶金专家"和"采矿能手"。例如，海洋中的许多生物，能够把含在海水中的钙和碳酸吸收，用这些碳酸钙作为自身的"骨骼"，死亡之后，碳酸钙就沉入海底，形成石灰石。现在人们大量养殖的蛏子，每100克肉中

就含有133毫克钙和22.7毫克铁。有些鱼每100克的含钙量达到169毫克，含铁量328毫克。海洋生物不仅能从海水中吸收钙、铁元素，而且还能吸收硅、磷、碘和其他稀有元素。

科学家还在想尽一切办法，通过人工控制，促进海洋生物更有效地收集海里的矿物质，使它们更好地为人类生活、生产服务。

向大海要淡水

浩瀚的海洋蕴藏着丰富的水资源，因此，海水淡化技术便应运而生了。

海水淡化大体有蒸馏、蒸发、电渗析以及反渗透、冰冻等几种方法。

蒸馏法：淡化海水的最古老方法。蒸馏淡化海水，就是使海水加热变成蒸汽，经冷凝成为淡水。蒸馏法适合于大规模制淡水，是目前世界上常用的方法。

蒸发法：最盛行的是太阳能蒸制淡水。这种设备的外形很像农村冬季种菜用的暖房。暖房内，盛放海水的水池底部铺着一层吸热能力很强的黑色橡胶，太阳光通过透明的"房顶"照射，可把2厘米厚的水房加热到70℃左右，从而使海水蒸发，水汽上升到装有玻璃或塑料薄膜的顶部，凝结成水珠，顺着倾斜面往下流进淡水槽，再流到淡水收集器内。

电渗析法：主要利用两种特殊的渗透膜——阳离子交换膜和阴离子交换膜，由一定数量的阳膜和阴膜组成电解槽。通电以后，海水中的盐分解成阴、阳离子，氯离子流向阳极，钠离子流向阴极，

盐溶液从膜间室流出，剩下的就是淡水了。

反渗透法：采用的是特殊构造的半渗透膜。当给海水加一定的压力时，它只让淡水通过而不让盐类溜走，从而达到盐、水分离的目的。

冰冻法：采取降低海水温度使之结成冰晶的办法让海水冻结。出现的冰结晶就是固体淡水，盐类则浓缩于剩下的溶液之中。

南极冰架

南极洲广袤无垠的洁白冰原，千孔万窍的嶙峋岩石，玉树琼枝般的陆地冰花，水晶宫似的冰洞，高达百余米矗立于海边的冰悬崖，高耸入云的冰山，千姿百态地聚集在南大洋的浮冰，与大陆冰盖紧密相连的海上大面积的冰架……这一切无不是南极洲的奇寒和暴风长年累月精雕细琢的佳作。

冰架是指与大陆冰盖相连的海上大面积的固定浮冰。南极冰盖覆盖面积达 1200 万平方千米，平均厚度在 2000～2500 米之间，最厚的有 4800 米，总体积达 2450 万立方千米。这顶巨大的"冰

帽"，在自身重力的作用下，以每年 1 ～ 30 米的速度，从内陆高原向四周沿海地区滑动，形成了几千条冰川。冰川入海处形成面积广阔的海上大冰舌，终年既不破碎（外缘除外），又很少消融，这就是海上冰架的来源。

冰架是一个硕大无比的低温体。据澳大利亚冰川学家在厄麦里冰架上越冬观测，表层 100 米冰层的年平均温度低达 –20℃左右。在冰架附近，一般都有一个特别寒冷的低温水体——"冰架水团"。科学家投放了"温差自动记录仪"的探头，果然测到了海水温度记录——–2.03℃。生物拖网也取得了与其他海不同种类的浮游生物。这表明，冰架对它临近海区的水文特征以及生物种类的分布等都有很大的影响。

漂浮的淡水资源——冰山

我们生活的地球有 3/4 的表面积被蓝色的海水覆盖着，它占了地球上总水量的 97%，淡水仅占 3%。即使这 3% 的淡水，也不是人类可直接饮用的。因为流动的淡水只占 1%，其余 2% 却被镇锁在寒冷而寂寞的冰山之中，与人类日常生活不发生多大关系。而地球上的冰几乎 89% 都存在南极洲，那里的冰层达 2000 米厚，其面积大于整个欧洲。若把南极所有的冰都化成水，将使全世界的海水上升 60 多米。

南极洲的冰尽管地处遥远，但那丰富的淡水资源对人类来说，

　　并非可望而不可即。有时那里的冰往往会自动地向我们漂来。因为南极的冰山总是在不时地断裂，断裂下来的冰山漂浮于海洋上，形成奇特的冰"岛"，为时可达数年之久。这些漂浮的冰"岛"，有的大于塞浦路斯岛，有的甚至有半个比利时那样大！这些冰"岛"由于没有"根"，可随风漂流。

　　漂流于海洋上的冰山经常对来往的船只构成威胁，不过船只在遇到海上冰山时，至少还可以绕道而行。近年来随着海上石油开发工作的进展，一座座海上采油站建立起来，这些采油站要是被漂流在海上的冰山撞上，就会造成灾难。因此，许多人已在着手研究人工拖运冰山的问题。特别是对于淡水资源奇缺的国家，它可真是极其珍贵的。

拖运冰山

整个南极大陆，冰体有 2400 万立方千米，占全球总冰量的89%。人们称南极为"世界最大的冰库"，看来一点也不夸大。

大陆的冰原大体是一盾形，中部高而四周低。在重力作用下，冰体要以冰川的形式悄悄移动。世界上最长的冰川——东南极的兰姆伯特冰川（长400多千米）就在这里。从南极中部高原外流的冰川，延伸成300多个陆缘冰。陆缘冰前缘崩落，遂成为大小冰山，漂浮于洋面，其数量多达几万甚至二十几万座。

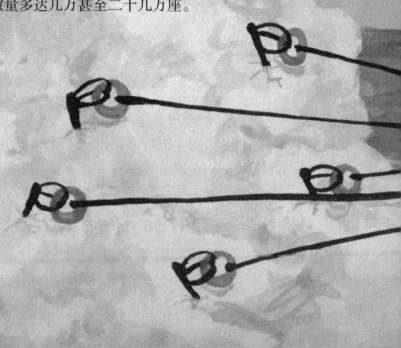

倘若把这一座座冰山拖运到淡水资源缺乏的地方，那就解决大问题了。可是，如此庞大的"家伙"怎样拖运呢？

　　拖运冰山是一项很复杂的工作。先要依靠人造卫星将冰山的外形拍摄下来，通过无线电发送回地面。然后通过对不同冰山的大小、形状和所在位置的研究，选择其中比较理想的一座，派一批人到选定的冰山上去，在靠近前端的冰山顶部装上6只大金属环，每只环套上一条结实的牵引索（一般是尼龙索），用轮船牵引。开始时，巨大的冰山的移动速度极其缓慢，但一周后就能达到每小时3千米。若设法把冰山前端修整得比较尖狭，移动的速度还可以加快些。

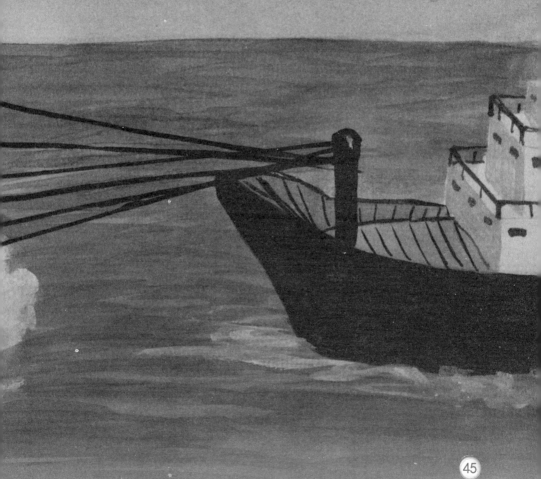

翻江倒海钱塘潮

钱塘江因风涛险恶，在古代又称作罗刹江。自古以来，游荡成性的钱塘江给当地人民带来无数深重的灾难。

从 1012 年到 1949 年为止的 937 年间，发生的重大潮灾就有 210 次，造成大批田地房舍坍陷入海的悲剧。当地流传着"坍江坍江，一坍就光，家破人亡，逼得逃荒"的歌谣。

为什么钱塘潮会特别汹涌、巨大呢？

钱塘江河口外宽内狭，形似喇叭。在杭州湾湾口处竟达 100 千米左右，可是在海宁盐官附近的江面，大约只有 6 千米。当由外来的大量潮水涌进狭窄的河道时，湾内水面就会迅速地壅高，钱塘江流出的河水受到阻挡，难于外泄，反过来又促进水位增高。另外，当潮水进入钱塘江时，横亘在江口的一条沙坎，使潮水前进的速度突然减慢，后面的潮水又迅速涌上来，形成后浪推前浪，潮头也就愈来愈高。

在浙江沿海一带，夏秋之间常刮东南风，风向与潮水涌进的方向大体上一致，也助长了它的声势。

潮汐运动中，蕴藏着巨大的能够造福于人类的能量。有人估计，世界海洋潮能约达 10 亿千瓦，我国浙江沿海的潮能就有 1000 万千瓦，光杭州湾就有 700 万千瓦。

大海的"呼吸"
——潮汐

住在海边的人们都见过潮汐现象。到了一定的时间，潮水低落了，黄澄澄的沙滩慢慢露出水面。人们在沙滩上拣拾贝类和海菜。到了一定的时间，潮水又推波助澜，奔腾而来。这时，白帆穿梭，

渔歌嘹亮，海面又繁忙起来了。

不论是碧波粼粼，还是巨澜翻卷，海面总是按时上涨，然后又按时下降，海洋在有节奏地"呼吸"。白天海面的涨落叫"潮"，晚上海面的涨落叫"汐"，合起来就叫"潮汐"。

潮汐是海洋中一种常见的自然现象。我国古代思想家王充远在1800多年前，就指出海水的涨落与月亮的盈亏有密切关系。在国外，直到17世纪，牛顿才根据万有引力定律解释了潮汐的产生。

由于地形等因素的影响，世界各地的潮汐是复杂多变的。以潮为例，我国各个地方均不相同，青岛港海水每天发生两次涨落，称为"半日潮"；广西的北海港海水每天发生一次涨落，称为"全日潮"；秦皇岛港海水在半个月内，若干天是一天一次涨落，其余时间则一天出现两次涨落，称为"混合潮"。

潮汐现象的千差万别，给沿岸人们生产、生活带来很大影响。在潮差大且地势平坦的地区，一次风暴潮引起的潮灾可使千万人倾家荡产。长期以来，人们对潮汐现象给予充分注意，掌握其变化规律，在实践中避其害，用其利。

开发潮汐能

潮汐不仅气势磅礴，蔚为壮观，而且蕴藏着巨大的能量。据粗略估计，全世界海洋蕴藏的潮汐能大约有 10 亿千瓦。我国大陆海岸线长 1.8 万多千米，岛屿 6000 多个，岛屿岸线总长 1.425 万千米，若按 20 世纪 50 年代末的统计，我国潮汐能的理论蕴藏量达 1.1 亿千瓦，可供开发的约 3580 万千瓦，年发电量为 870 亿千瓦·时。

利用海水潮差推动机械发电，在现代科学中，已经变为现实。它的开发与河川电站类似，在工程上需要造坝、成库与建厂。不同的是，一般河川电站的发电水头要远大于海水潮差所决定的水头。

潮汐能是一种再生性能源，因为潮汐的涨落随着地、月、日、天体的相对运动，周而复始，经久不息。而且由于它的"燃料"就是海水的涨落，这样也就不存在原料短缺或市场价格浮动对

它的影响，以及矿山油田、交通运输建设等一系列问题。

由于潮汐电站开发对环境不发生污染，又不像河川电站那样需要淹没土地与迁移人口，是一种清洁、安全的能源，相对来讲供电就比较可靠。另外，潮汐电站还有着广阔的综合利用前景，其中最大的收益之一是围海造田增加土地。其他如海产养殖、化工、旅游等也都能增加收益。

海浪发电

20 世纪 70 年代初期爆发的石油危机，第一次猛烈地推动了波浪动力技术的研究。那时美国洛克希德公司进行了在波浪上摆动的浮动"电岛"实验。日本设计师研制了用波能驱动的专用涡轮机，使海上浮标发出灯光。

最孜孜不倦从事这方面研究的是挪威人和瑞典人。挪威政府用两种不同方法进行试验。

第一种实验装置由一座高出水面的混凝土长坝构成。只有最高的浪峰才能越过长坝。一个位置高于海平面的收库收集海浪。海浪从这里经过管道回流入海，同时转动涡轮机。这种办法的缺点是大坝造价高，效率相对低。海浪带来许多海卵石，有时卵石会堵塞管道，甚至填满水库。

因此，另一种方法"振动杆"更有前途。这种试验电站很像排管，安装在卑尔根以西的岩坑中，按照水力活塞原理工作。但是，这种装置运转时也有麻烦。螺旋桨一转动噪声极大。

瑞典人的转子结构特别轻巧，便于运输，没有沉重的机械零件。哥德堡小组在缩小的模型上试验成功后，现在正式使用装有23米转子套管的样机。瑞典人首先寄希望于小岛国的订货。

我国研制的是空气透平式波浪发电装置。其基本原理是：用一个下端开口的圆筒，筒内水柱由于圆筒外的波浪作用而产生某种振荡，这种振荡起着一种活塞作用。当筒体上端封闭而仅留一喷嘴时，筒内空气将以高速喷出，从而推动透平旋转而发电。

海流发电

　　海洋里的水成年累月地朝着一定方向流动着，这就是海洋中的"河流"——海流。它可以把海水送到几百、几千甚至几万千米远的海域去。利用海流来发电就叫"海流发电"。海流为什么能发电呢？因为海流具有巨大的能量。

　　海流蕴藏着如此巨大的动能，倘若用它来发电真是前程似锦。尽管困难很大，人们还是想出了办法。下面介绍几种典型的发电装置：

降落伞集流发电装置——这是美国科学家发明的。它主要是利用了降落伞原理。整个设备由许多条高强度绳索拉紧固定，海流进入集流装置后，冲向水轮机，海流的动能转换为水轮机的转动力矩做功，水轮机获得海流的能量以后通过增速装置带动密封装置内的发电机转动而发电。通过海底电缆将电力输往陆地。

贯流式水轮机发电装置——日本设计的这套装置与降落伞集流器一样，进出口流道都是喇叭形，进口喇叭形起集流作用，出口喇叭形起降低流速的作用，以便增加水轮机出口的负压，提高水轮机的效率。发电机同样在密封的"灯泡"内，发电机的电能通过海底电缆输往陆地变电站。

螺旋桨式海流发电装置——这是法国设计的类似于风力发电装置形式的另一种海流发电装置。在海流流速为每秒3米的情况下，螺旋桨直径为10.5米，转速为每分钟27转，可发出功率为500千瓦的电力。水轮发电机组可绕铁塔上的滚轮转动，使得水轮机桨叶旋转平面正对海流的流动方向。电能也是由海底电缆运往陆地。

硕大无比的海洋电场

海洋潮汐蕴藏着巨大的能量，其总能量约为 10 亿千瓦。海浪的能量也很了不起，它能把 13 吨重的岩石抛起 70 米高，把万吨巨轮推到岸上。还有川流不息的海流、海水表层温差热能，都有着取之不尽的能量。

然而这些电能都需要从其他形态的能量转化而来，并不是直接从海洋里引出的。海洋里有没有直接的电能呢？1831 年，大科学家法拉第在总结电磁感应定律之后，就预言海洋里存在着电场，并试图测量海洋电场能的大小。这个预言在海洋渔业学家米罗诺夫的一次试验中得到证实。当时为了研究电流在海水中对鱼的影响，米罗诺夫利用插进海水里的两个电极向海水里通直流电，结果他惊奇地发现，所有的鲱鱼都趋向正极。当电场足够强时，它们则严格地沿

着电力线的方向游向正极，从而被电流集中起来，棒打不散。实验和观察说明，鲱鱼对电很敏感，这种敏感性是它们长期生活于存在着电场的海洋里形成的。

海洋电场是怎样形成的呢？根据法拉第电磁感应理论，导体切割磁力线便会感应生电。而地球本身是一个天然的大磁体，占地球面积71%的海洋处在这个大磁场之中，海水则是溶解着大量带电离子的导体，并且是永恒运动着的。波浪、潮汐，还有强大的海流，甚至有环球运动的大洋环流在运动中造成许多切割地球磁场磁力线的机会，从而产生感应电。

第二章
博大胸怀
无私奉献

辽阔的海洋不仅是砂产资源和能源宝库，也是人类最大的食物宝库和药库。但是由于滥捕和污染问题日益严重，海洋鱼类的自然资源已经不能满足人类的需要。许多海洋生物学家认为，目前对海洋鱼类资源的开发和利用，已经到了一个重大的转折时期。

中华白海豚

1871年，新西兰大雾笼罩，有一艘海轮要通过有许多暗礁的水域，十分危险。这时突然出现一条白海豚，游过来在船头领航，船长发现后就转舵跟着它走，终于穿过许多暗礁顺利到达安全区。以后每艘船经过这里，白海豚都自告奋勇地担任"领航员"，出色地完成了任务，而且是40多年如一日，直到1912年它死去。

生活于华南水域的白海豚，统称中华白海豚，又称印度太平洋驼背豚，是世界上仅有的两种白海豚之一。印度洋、太平洋水域都有它的踪影，属哺乳类海豚科。中华白海豚全身乳白色，腹部及尾部呈粉

红色彩，属热带、亚热带动物，在我国属一级保护动物，也是《濒危野生动植物种国际贸易公约》所列物种。

中华白海豚长成后，长1.8～2.8米，身体浑圆，长长的鼻子，乌亮的眼睛，短小的背鳍，圆而细的胸鳍和匀称的三角形尾鳍，形态十分惹人喜爱。中华白海豚一般居于沿岸浅水海域，特别是河口附近。在中国香港，则以大屿山北面沙洲及龙鼓洲一带最常见。中华白海豚以捕食鱼类为主，寿命可达40年，大脑发达，听觉灵敏，习惯群居，经常由5～12条组成一群。

给鱼雷穿上"海豚服"

海豚是可以训练出来和人类游玩嬉戏的水中动物。经过训练的海豚可以跃出水面，和主人嬉戏打闹。

海豚的智力仅次于人，若与猩猩相比，则毫不逊色。不仅如此，它的游泳速度也相当快，每小时可达 70 千米。人们惊奇地发现：当它受到惊扰或者追捕其他海中动物时，时速竟达 100 千米。目前，世界最先进的以燃气轮机作为动力的导弹快艇，时速也不过七八十千米。

实验表明，海豚之所以游得快，除了它的形体能使水流形成阻力最小的"层流"之外，还跟它特殊的皮肤结构有关。

迄今，科学家已经根据海豚的皮肤仿制成了"人造海豚皮"。这种厚度只有 2.5 毫米的人造海豚皮，如果"穿"在形状、大小和动力都

海豚的皮肤

海豚的皮肤分五层：表皮、真皮、密质脂层、疏质脂层、筋腱。在真皮里有无数个细细的、内有水质物的管状突。当海水冲击皮肤时，管状突内的水质物就相应地流动，形成波浪形的起伏。由于管状突的作用，皮肤伸缩性和弹性适应海水的冲击力，呈波浪形状，使皮肤与水的摩擦力减到最小。这样，海豚本身的动力几乎全部用于增加游动的速度上了，每秒钟可达 20 米。

不变的鱼雷"身"上，它所受到的水的阻力就至少可以降低50%，换句话说，就是前进速度增加了1倍。

　　现在，科学家们正在努力研制一种更接近于海豚皮肤的人造材料。设想一下，如果能够成功，从舰船的形体到表面都采用这种比较合理的"海豚服"，那么，人们将可望得到一个多么鼓舞人心的航速啊！人类能不能依此原理，再深入研究一下气流，改造飞机和宇宙飞船的"皮肤结构"，使它们发挥出更大的效力呢？

海中之王——鲸

目前生存下来的鲸可分为两类。一类是没有牙齿的，叫须鲸。它的口部上牙膛两侧生有几百角质的须板，长出密密的一排须毛，像梳头用的梳子一样。它在一大群浮游动物之间游过时，便张开嘴巴，将浮游动物一齐喝进嘴里，再猛然把上下颚闭上，水便从"梳子"里流了出来，而食物却留在口中。它还具有身长、鼻孔成对、下颚比上颚长的特点。身躯庞大的蓝鲸就是须鲸的一种，体长可达33米，重170吨，经常出没于南冰洋上，仅有少数个体来我国沿海洄游。除了黝黑色的鲸须外，全身几乎都是青蓝色。蓝鲸主食是磷虾，且食量颇大。但每年往南极洄游的往返途中，要路过缺少食物的辽阔海域，所以至少在这4个月时间中，蓝鲸得体验一下忍饥挨饿的滋味。初冬，它们在温暖水域交尾，孕期约1年，仔鲸一出生就有六七米长。

鲸

由于生殖、找食等原因，鲸常在每年春秋两季洄游来我国东部和南部海域近岸。鲸呼出的气体在体内有很大的压力和较高的温度，废气呼出后，能将鼻孔附近的海水喷起，形成一股股水柱，这就是鲸的"喷潮"。

蓝鲸的寿命也较长，通常可活 100 年之久。

另一类生有锐利的牙齿，叫齿鲸。它性情凶猛，能猎食海兽和大章鱼等。它身躯较短，只有一个鼻孔和两肺相通，下颚比上颚短或相等，比须鲸在水底能多待很长时间。

鲸 10 多米长的尾巴，刚劲有力，小船只要被它一击，就会粉身碎骨。一条大鲸的力量相当一辆火车头的力量，每小时能游 50 ~ 60 千米，甚至 100 千米以上。

鲸"集体自杀"之谜

1980年6月30日，大约有50头鲸被冲上澳大利亚悉尼以北的海滩，它们在岸上使劲拍打着尾巴，拼命地喊叫。人们想尽办法往大海里赶，都没有成功，只得看着它们死去。

自古以来鲸"集体自杀"被看作一个解不开的自然之谜。对于鲸群这种反常行为，科学家们提出种种推断。有人认为，这是海洋中水流的突然变化或水温的反常引起的；有人认为，它们吞食了有毒物质，破坏了运动系统的协调；有人认为，鲸群组织严密，领头鲸迷失了方向，也可能是原因之一；还有人认为，鲸本是陆地上的哺乳动物，游向海岸是一种返祖现象；等等。这些说法，至今未能使人信服。

有的人认为，鲸"集体自杀"的地点大多在地势比较平坦的海滩，那里堆积了很多泥沙，水很浅，鲸的喷气孔又不能完全浸没在水里，这些都妨碍了鲸的回声定位系统的功能，使得鲸不能对周围环境作出准确判断。也有人认为，鲸群可能碰到了水平异常的声音，比如水雷爆炸和水下火山的爆发，它们受到惊吓，闯上了浅滩。还有的人在死去的鲸的脑袋和耳朵中发现了许多寄生虫，他们认为是这些寄生虫破坏了鲸的回声定位系统。

那么鲸为什么常常几十甚至几百头地"集体自杀"呢？原来最早遇难的鲸会不断发出呼救信号。鲸是习惯成群生活的，从来也不肯丢弃遇到危难的伙伴，它们只要听到这种信号，就会奋力去抢救，结果造成了集体死亡的悲剧。

海豹的眼力

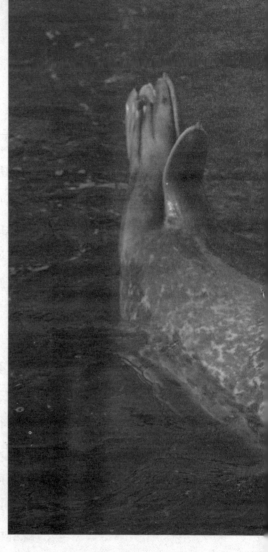

海豹的眼睛和青蛙、海龟、鳄鱼等动物的眼睛一样，是水陆两用的。不过它的眼睛是不同寻常的。

人们惊奇地看到，海豹在清澈的水中虽然还说不上明察秋毫，却也能一眼瞅准仅5克重的小鱼。就是在较混浊的水里或者在幽暗的深处，也能发现极小的鱼。很多实验证明，海豹在水中洞察目标的本领十分出色，大体和猫差不多。在陆地上，海豹对警戒目标也能视而无误。

海豹为什么能具有既能在水中看清目标，又能在陆地上分辨敌人的高超本领呢？这是因为海豹在捕食、定向、"社交"及其他活动中，眼睛都起着重要的作用，长期的水陆生活，使海豹的眼睛适应了环境的变异。

海豹生着一对美丽而有神的大眼睛，特别是其晶状体很大，且近似球形，这便于接收大量的光线。海豹眼内的脉络膜上长有包括22层水平细胞和32～34层垂直细胞的反光色素层，这个色素层的面积与眼睛相比，在动物界是首屈一指的，因此感觉能力较强。这

对海豹在陆地上瞳孔变窄，受光减少，或者潜入较深海时，环境变暗，感光较弱有所补偿。

海豹的眼球覆有透明的瞬膜，其功能是保护眼睛，修正眼睛成像，提高视力。

奇怪的是，海豹有时对人的靠近反应呆迟，甚至置若罔闻。但这并不是因为视力不行，而是对注意目标有所选择，它对危险之敌，比如虎鲸的敏锐观察就是一个很好的说明。

海狮当上了"侦察员"

海狮是生活在海里的哺乳动物，种类较多，已知的有十几种，其中最著名的是腽肭兽，这种海兽的毛皮相当贵重。而体型最大的要属北海狮了，雄性的有 4 米长，体重可达 1000 千克。成长中的雄海狮在颈部会逐渐出现鬃状的长毛，叫声也极像狮吼，因而有"海中的狮子"之称。

海狮没有固定的家，每天都要为找吃的而到处漂游。到了繁殖期间，它们才找一块固定的地方开始选择配偶。海狮是"一夫多妻"制，一家只有一只公的，几只母的。公海狮是一家之王，它的地盘是不容侵犯的。越厉害的公海狮，领域内的雌海狮就越多。

海狮的听觉特别灵敏。经过一段时间的驯养，海狮就能理解训练员的意图，按训练员的指令去寻找目标。海狮完成任务后，通过尼龙绳向工作船发出信号，当人们接到海狮"传"来的完成任务的信息后，便很容易地测出目标物的方位。

1970年，经过一年的训练实践，"快速寻觅"试验获得成功。海狮准确地标出舰艇投下的深水炸弹的方位，并且取了回来。研究人员总结时认为，试验的成败完全取决于海狮与训练员之间的合作。此外，训练员还学会掌握海狮完成任务的"最佳时刻"，因为海狮经常要"小孩子脾气"。当然，失手的情况也偶有发生。不过，在大多数情况下，训练有素的海狮是能出色地完成任务的。

"美人鱼"
与座头鲸

传说，在地中海的一个荒礁上，住着一些女妖，她们经常用甜美的歌声引诱过往船只上的海员。

那么，到底有没有美人鱼呢？"美人鱼"不过是远远看起来上身有点像人的儒艮，它们经常出没于地中海，使古希腊海员误认为是"美人鱼"。

后来人们发现，儒艮并不会唱歌。"美人鱼"歌声之谜一直到不久前才得以揭晓。那是美国海洋动物学家佩恩和埃尔经过长期的水下侦察才发现的。不过谜底可有点大煞风景，原来，在海里"唱歌"的是个丑八怪——座头鲸。它体重达四五十吨，看上去笨头笨脑，但却有一副美妙的"歌喉"。它们的歌声是那样强烈，在水下能传播10多千米，以至在海面上也能透过船底的振动而听到歌声。

更有趣的是，座头鲸不但是优秀的"歌唱家"，还是天才的"作曲家"，它们能"创作"新歌，一到冬天就放声歌唱。这些优美的鲸歌是"世界流行"的，无论是太平洋夏威夷的鲸群，还是大西洋百慕大鲸群，都唱同一旋律的鲸歌。

所谓"美人鱼"的歌声之谜，大体说来就是如此。电视剧《大西洋底来的人》所渲染的"美人鱼"之歌的"科学"依据大约也是这些。娱乐性超过了科学性，这在西方的科幻之作里，往往有之。

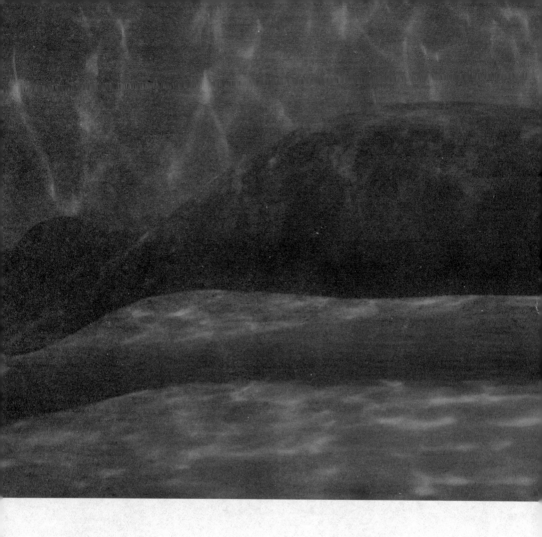

海牛

世界上有三种海牛：南美海牛、西非海牛和加勒比海牛（也叫西印度海牛）。它们爱吃短纤维的水生植物。

海牛多半栖息在浅海或河口中，从不到深海去，更不到岸上来。离开水以后，他们就像胆小的孩子那样不停地哭泣，"眼泪"不断地往下流。它们真的哭了吗？不，那是眼里流出来大量的液体，用

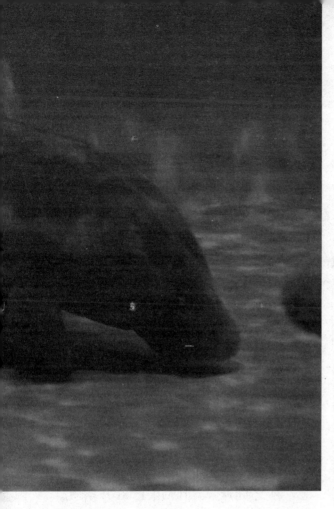

以保护眼珠的缘故。

海牛喜欢在水中潜伏，只在吸气时才露出水面。那么它们究竟是怎样呼吸的呢？原来海牛的两个鼻孔都有"盖"，当它们仰着头露出几乎朝天的鼻孔呼吸时，"盖"就像门一样打开了，"盖"的合页固定在鼻孔的下方，"盖"由上往下、由外往里打开。吸入空气后便由下往上、由里往外关闭。"盖"关得如此之紧，以至于不能让水流入鼻腔。

海牛是海洋哺乳动物，毫无疑问是用肺呼吸的，可是同样用肺呼吸，为什么海牛却能在水中潜游长达十几分钟之久呢？最主要的原因是一般哺乳动物的肺脏相对而言比较小，只占据胸腔的一部分，而海牛的肺脏几乎占据了整个体腔的背壁。海牛不仅有很大的肺脏，而且有相当大的胸腔，自然肺活量也大了，所以海牛可以间隔较长的时间才浮出水面换气，一般的情况下，间隔才几分钟是不会造成窒息而死亡的。曾经有人记录过，在正常情况下，海牛潜入水中可达 15 分钟。

海兽的秘密

海兽有一种惊人的潜水本领，被称为"潜水冠军"的抹香鲸可以一直潜到千米以下，在那里遨游30～70分钟之久。鳍脚类动物的潜水本领也十分高超，刚出世未满一周的海豹在水下待上8分钟也能安然无恙。其中的奥秘在哪呢？就拿鲸类来说吧，它的气管短而粗，一头巨鲸的气管直径达30厘米，一个小孩也能在里面爬进爬出，人4秒钟呼吸一次仅交换0.5升空气，大型露脊鲸类却能在15～20秒之间吸入和呼出1500升空气。陆生兽类每次呼吸所交换的空气量仅占10%～15%，而鲸类却能更换80%～90%。海兽的肺容量与其身体相比并不比陆生兽大，但海兽肌肉中肌红蛋白的呼吸色素特别多，如抹香鲸为陆生兽的8～9倍，这样便大大增加了对氧气的储备。鲸类每立方毫米血液中所含红细胞的总表面积为人的1.5倍，从而提高

鲸的回声定位系统

鲸类头部的气囊系统发出超声波，遇到物体后反射回来，被鲸耳感受到，鲸就能正确地辨别前进的目标。鳍脚类的视觉很发达，它们有很大的球状晶体，可以补偿角膜在水下损失的折射力，把清晰的影像集中调节到视网膜上。在灿烂的阳光下，它们在水下辨别物体的能力可与陆地上的猫狗媲美。一旦置身于水质混浊的港湾或河口，或者遇上没有月光的夜晚，它们就施展类似回声定位的本领。

了对氧气的利用能力。

　　鲸类的视觉很不敏锐，是个"近视眼"，在浅海里最远只能看到17米以内的物体，一头巨鲸甚至看不到自己的尾鳍。尽管鲸眼"近视"，它却能在混浊不堪的浅海域或大海千米以下的黑暗世界中飞速前进，灵活而及时地避开敌害或障碍，准确无误地扑向美味可口的食物，这是由于鲸类另有一套自己的声呐——回声定位器官。

鲨鱼的家族

提起鲨鱼，就会想到它凶残的模样。特别是一些同鲨鱼打过"交道"的人，他们的讲述，更使人感到这种海洋生物的可畏和神秘。鲨鱼已成为人们心目中凶残的象征。然而，这种看法是不公正的。鲨鱼也是海洋生物中的一个大家族。据不完全统计，海洋中属于鲨

鱼家族成员共有350种。而对人类生命造成威胁的只占其中一小部分。

　　在鲨鱼家族中，又凶又狠的莫过于白鲨了。它嘴巴很大，牙齿十分锋利，可以轻松地将巨大的海龟吃掉。即使是同一家族的成员，它也绝不会嘴下留情。白鲨的活动范围很广，几乎遍及温带海域。白鲨的可怕之处还在于它经常神出鬼没地从深海游向海滨浴场，突如其来地伤害在水中游泳的人。

　　除白鲨之外，虎鲨也是鲨鱼家族中另一可怕的刽子手。它之所以被称为虎鲨，除了它身体上长有像老虎一样的道道花纹外，还因为它的凶残和老虎不相上下。虎鲨最大可长到9米左右，体重能达1吨。只要发现海洋中有任何移动的物体，它都要追上去，向其进攻。虎鲨的胃口很大，海洋中许多动物经常成为它的腹中食。

　　在鲨鱼家族里，身体最长、最重的要数巨鲨了。它的体重、身长仅次于鲸鱼，但它却出乎意料的温顺，既不像白鲨那样在海洋里横行霸道，也不像虎鲨那样到处作恶伤人。

让人像鲨鱼那样
不得癌

鲨鱼有惊人的免疫力，在脊椎动物中目前只发现鲨鱼一生不得病，人们从来没有发现因生病而死亡的鲨鱼。如果剖开鲨鱼的腹部，使内脏外露，然后放到水中，一个多月后再捞出来，它的内脏还在照常工作，没有一点感染和坏死的迹象。

在美国进行的一次研究表明，即使用高致癌物质喂养鲨鱼达8年之久，它们也不会患有任何肿瘤。

科学家早就发现，人体肿瘤细胞的增长和扩散，首先要建立一个新的血管网络，以便输送养分给肿瘤细胞，并带走肿瘤细胞新陈代谢所产生的废物。这些肿瘤的血管网络很紊乱和脆弱，十分不稳

定，需要经常更新修整。如果有一种物质能有效地阻止及破坏这些不正常的新生血管网络的形成而又无毒性的话，肿瘤就能得到控制。科学家从鲨鱼不患癌症这个"谜"着手，进行了多年的探索和研究，发现在鲨鱼软骨中含有极其丰富的新生血管生长"抑制因子"，能有效地阻断肿瘤病灶周围新生血管网络的形成，抑制肿瘤细胞周围的血管生长，切断对肿瘤细胞的氧气和营养供应，阻断肿瘤细胞新陈代谢废物的排出，减少癌细胞进入血液循环的可能，致使肿瘤细胞逐渐萎缩以致死亡。鲨鱼软骨中富含各类调节免疫能力的物质，可激活肌体细胞的免疫系统，所以鲨鱼抵抗疾病的能力特别强。

能降伏凶残巨鲨的比目鱼

白鲨嘴巴很大，牙齿十分锋利，可以轻松地将巨大的海鱼吃掉。另一个凶残的家伙是虎鲨。虎鲨只要发现海洋中有任何移动的物体，都要追上去，向其进攻。但俗话说："卤水点豆腐，一物降一物。"小小的比目鱼竟能降伏穷凶极恶的大鲨鱼。

一位美国生物学家说一种比目鱼将帮助人类摆脱对鲨鱼的恐惧。原来，这种个体不大的比目鱼能分泌出一种乳白色的剧毒液体。这种毒液即使用水稀释5000倍，也能毒杀海里其他一些海洋小动物，可是它对人体却几乎无害。这位美国科学工作者用这种毒素做过自身试验：将毒素引入体内，仅引起舌头轻度发痒。然而这种毒物对鲨鱼来说，就完全不是这么一回事了。这位科学家在这种比目鱼生活的红海做过一次有趣的实验。他在海里安放诱饵，并在诱饵近旁拴几条这种比目鱼。当鲨鱼发现诱饵、张着贪婪的血盆大口游近时，比目鱼放出的毒素就会使它的咬合肌麻痹，而无法咬合。结果鲨鱼只好张着大口游开。过了几分钟，毒劲儿过了，馋涎欲滴的鲨鱼又转身游向诱饵，结果还是只能张着大口不能咬合。

谨防海物中毒

海洋动物中可能引起人们食用后中毒的，主要是鱼和水母两种。有时，海龟肉、某些哺乳类动物的肉也会引起中毒。有许多海洋动物是"被动染毒"的，即它们的肌体不具备分泌有毒物质的特殊腺体，使毒物蓄积在各个器官和组织之中。有毒物质蓄积的主要途径是：长期食用有毒漂浮生物和水藻的小鱼以及水母。有人认为，鱼类毒物可能蓄积于产卵期，并带来保护功能。海洋动物毒性程度既受季节影响，又取决于它们生活的海域。

海洋鱼类、贝类等海产品有低脂肪、低胆固醇等多种优点，且肉鲜味美，深受人们的喜爱。但是，海产品也会有多种有害物质，这一点常常不为人们所了解。

有400多种海洋鱼类携带着一种病毒。含有这种病毒最多的鱼有：笛鲷、长背、杖鱼和鳅。该病毒

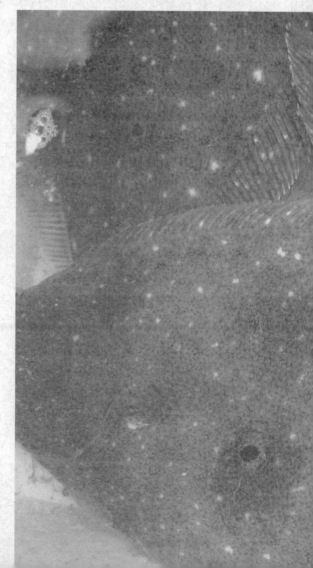

没有气味,不易为烹饪所杀灭。它会阻碍神经冲动和引起胃肠道疾病。大多数情况下,发病期为 2～3 周,但也有为期数年的。

鲭、比目鱼、黑线鳕和青鳕、太平洋大马哈鱼等特别容易携带寄生虫。吃海味最大的危险来自贝类食物,像牡蛎这类食物中含有"弧菌",会引起胃肠道疾病;还有一种病毒,它常在人的腿部发作,引起肿胀和疼痛,最后破坏皮肤。此外,贝壳类食物携带得较多的就是甲肝病毒。

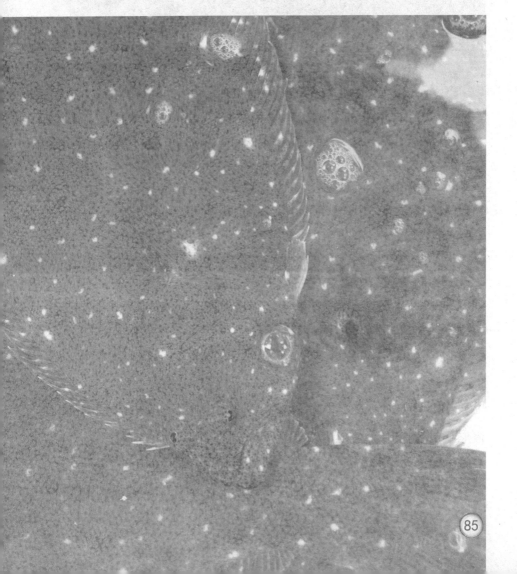

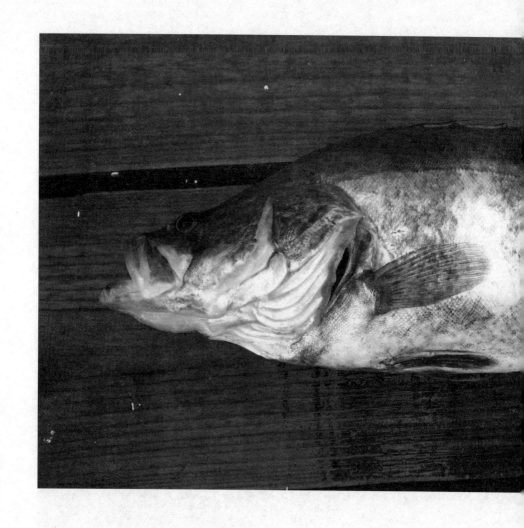

鲑鱼磁感之谜

在北美洲，有5种太平洋鲑鱼，把卵产于从阿拉斯加到加利福尼亚的小溪中。在小鱼孵出后，成群的小鱼沿河游向太平洋。它们以1～5年的时间发育成长，并在北太平洋以逆时针的方向环游一个极其巨大的椭圆形。之后，它们一群群地离开了大椭圆形，往

回游。它们找到了大河口、支流和小溪，几乎似月球火箭般的准确性回到了它们数年前被孵出的地方。于是母鲑鱼在那儿产卵，公鲑鱼在那儿授精。

人们对鲑鱼的洄游和航行做了多年的研究，终于有了线索。鲑鱼并不是只有一个简单的导航系统，它能看着回家，也能嗅着回家，还能用类似海员的罗盘侦察航线的方法，觉察地球的磁场。

鲑鱼利用嗅觉回家是人们早已知道的。每块产卵地都有一种幼鱼熟知的气味，当鲑鱼向上游动时，是随着由它们出生地飘动到下游的气味游动的。鲑鱼也能看着游。当然它们不用海员利用的六分仪测量太阳高度，但它们能觉察出太阳在天空的位置。据此它们可以知道自己处在什么地方，而且决定活动的方向，游到大海或是游到产卵地。而这两种方法都有缺点，出生地的气味到河流下游会被冲淡；而在经常阴天或多雨的太平洋西北部，太阳并非总是看得见。这样一来，它的磁觉就很重要了。这是三元导航工具的一个组成部分。

五光十色的
深海鱼类

广阔无垠的大海深处是一个高压、黑暗、低温的世界。除了特种潜水员以外,对于人类来说,这里还是一个人迹未踏的处女海域。然而,生物界特别是鱼类,为了适应这种极端严酷的深海海域的生存条件,经过千百万年的进化演变,已经出现了种类繁多的深海鱼,它们的体色与形状无奇不有,自由自在地遨游于海洋的深处,终于成为这里的"统治者"。

深海鱼的身体大多为黑色,也有的呈红色、白色和半透明的。奇特的是在鱼体上大多具备不同的发光器。它的形状、位置、发光的色调随着鱼类的不同或性别的不同而有所不同。

有的鱼类为了适应这种黑暗的生存环境,则进化了眼睛的功能,诸如青箭鱼的眼睛会射

出特种光，巨尾鱼的眼睛像双筒望远镜，后肛鱼的眼睛会向上活动，柄眼鱼的眼睛则长在柄的尖端……这些不同的演变达到了一个同样目的，即扩大视野、提高视力。

深海鱼的形状同样是无奇不有，诸如驼峰状的驼鱼、全身覆盖硬鳞的鳕鱼、带有触须的章鱼、细长的鳝鱼、手榴弹状的榴弹鱼、身体如球的黑球鱼、扁平的鲽鱼、长嘴鱼、长尾鱼……

深海鱼的另一个特点是嘴大、齿尖，可以吞噬比自己身体还要大的敌人，它腹部能够膨胀得像气球一样。各处的深海鱼种类大体一致，例如日本近海深处的鱼类竟与大西洋深处的鱼类几乎相同。

水族馆里的明星

在大洋里，一只海鸥飞累了，附近不见岛屿，在哪儿栖息呢？海鸥看见水面上有一只"大圆盘"，便飞了过去。海鸥刚停下，不料那东西竟然竖了起来！原来海鸥歇脚的东西是一条大鱼——翻车鱼。原来，翻车鱼喜欢浮水晒太阳。

翻车鱼的样子相当滑稽可笑。它看上去似有头而无身。这样巨型的鱼却长着樱桃似的小嘴；一只背鳍高高竖起，像一张三角形的帆；后身像被切去似的，缀上一件超短裙，那是尾鳍。

翻车鱼种类不多，已知的约4种，翻车鱼以个体庞大、体型奇特、习性有趣、不易捕获而身价倍增。翻车鱼较大的长5.5米，高约4米，体重1400千克，以海的上层小鱼及虾为主食。

在有的翻车鱼的胃中，也可以发现小型的深海鱼，这说明它也善于深潜。特别是阴天时，在海面上是见不到它的，这时它已沉落海底。当它要上升时，并不靠鳔（它无鳔），而靠厚厚的皮及含水较多的肉体。

翻车鱼性情孤僻，平时多单独行动，生殖时节才雌雄成双嬉水。它貌似愚钝，却感觉敏锐，水温下降或盐度细微变化，便迅速游离或潜入深水。

翻车鱼是鱼类中的产卵冠军。一般的鱼一次产卵几百万粒已经算多了，但翻车鱼却能产3亿粒卵。由于所产的浮性卵特别容易被别的鱼吞食，只好靠多产卵来延续后代。这种情况，在鱼类中是常见的。尽管翻车鱼产卵那么多，但成活的数量却很稀少。

会产仔的
雄海马

海马虽然是鱼，但并无食用价值，可是在中药上却是一味久负盛名的珍贵药材，被人誉为"南方人参"。它能治疗阳痿、遗尿、虚喘，能化结消肿，治疗血气痛、肿块、跌打损伤。

我们知道，凡是动物只有雌性才能产仔。但是，有一种雄性动物竟然也能怀胎产仔，这就是海马。雄海马的尾部腹面有个育儿囊，好像袋鼠腹部的袋子一样。每到产卵的季节，雌海马就追逐雄海马，把卵产在雄海马的育儿囊里。在交接的时候，雄海马常常是被动的。卵进入育儿囊以后，雄海马就排出精液，使卵受精。受精卵就在育儿囊里发育，孵化成小海马。雄海马在临产的时候是很辛苦的，它用尾部紧卷在海藻上，一仰一俯地摇着，每次仰起，一般产出一只小海马。因此，从外表上看起来，好像小海马是"爸爸"胎生的。小海马离开"爸爸"的肚子以后，就用自己的尾巴卷附在附近的海藻上

独立生活了。新生的小海马长到5个月左右，就可以"生儿育女"了。
这种与众不同的由"父亲生孩子"的繁殖方式，是海马在海洋生活
的长期岁月中适应环境的结果。

　　海马有变色和拟态的本领，它可以变成和海藻、岩石相似的保
护色，还会长出一些线体，把自己装扮成藻类的形态。但是，伪装
一旦被龙虾和蟹识破，还是逃脱不了可悲的命运。

海洋鱼医生

　　在碧波荡漾的海洋里，各种鱼类熙熙攘攘。突然，一条大鱼迅速地游向一条小鱼，但它不是把小鱼作为吞噬的目标，而是在小鱼面前平静温驯地张开鳍，让小鱼用自己的尖嘴紧贴大鱼的身体，好像在吮乳。几分钟后，小鱼窜出来，消失在海草中，大鱼也紧紧地跟上了鱼群。

　　这种奇怪的景象，每天在海洋中要重复几百万次。原来，这种小鱼是海洋中的鱼医生，它们世代在海洋中开设鱼类"医疗站"和"美容室"。科学家称它为"清洁鱼"。此外，还有"清扫虾"。

　　鱼类和人类一样，经常遭到微生物、细菌和寄生虫的侵蚀。这些寄生虫和细菌会附在鱼鳞、鱼鳍和鱼鳃上。鱼类还会在水中遭到不测：一条鱼被另一条鱼咬了一口，伤口感染化脓。于是它们都不得不向鱼医生求医。鱼医生就伸出尖嘴来清除伤口的坏死组织和鱼鳞、鱼鳍、鱼鳃上的寄生虫、微生物，把这些当作佳肴美餐，并赖以生存。比方说，有一种名叫圣尤里塔的小鱼，便是远近闻名的鱼大夫。科学家们为了证实这一事实，曾做了一个有趣的实验：把"清洁鱼"在鱼类经常生活的水域里清除掉，两周后，其他鱼类的鱼鳞、鱼鳍和鱼鳃上出现了脓肿，患上了皮肤病，而在"清洁鱼"居住的水域里，鱼类却生活得很健康。

海洋鱼类的自我医疗，是个十分有趣的现象，它唤起人们的深思，也吸引动物学家去研究，去探索。

活的发电机
——电鱼

渤海湾的远洋作业船队，开到东海渔区赶鱼汛，在排除水下故障时，检修员遇到了这样一种奇怪的情况：刚刚潜到水下，无意间触到了什么东西，突然四肢麻木，浑身战栗。当地渔民告诉他们，这是栖居在海洋底部的一种软骨鱼——电鳐在作怪。

不久，他们用拖网捕到了一条电鳐。它有60多厘米长，扁平的身子，头和胸部连在一起，拖着一条棒槌状肉滚滚的尾巴。看上去，很像一柄蒲扇。因为吃过它的亏，小伙子们眼巴巴地瞅着这怪物，想不出用什么法子来对付它。随船的当地渔民却毫不在意，伸手把它从网上弄下来，丢到甲板上。原来，由于落网时连续放电，这时，这个"活的发电机"已经断电，它筋疲力尽了。

其实，放电的本能并不是电鳐才有。目前已经发现的放电鱼类就不少。人们将这些鱼，统称为"电鱼"。

一次放电中，电鳐的电压为60～70伏，在连续放电的首次可达100伏，最大的个体放电在200伏左右，功率达3000瓦，能够击毙水中的游鱼和虾类，作为自己的食料。同时，放电也是电鱼逃避敌害、保存自己的一种方式。

有趣的是，世界上最早、最简单的电池——伏特电池，就是19世纪初期意大利物理学家伏特根据电鱼的天然器官设计的。随着现代科学技术的发展，在研究电鱼中，人们可能还会得到不少新的启示。

鱼类的洄游

鱼类的洄游，可分为产卵洄游、索饵洄游和越冬洄游。

产卵洄游是鱼类在发育即将成熟时，沿着它祖辈经过的路线，向着它降生并度过"童年"时期的地方所做的"旅游"。它的最终目的是鱼类的传宗接代。其时间多在春季，也有些种类选择在秋天。

索饵洄游是鱼类为追捕饵料而进行的"旅游"。鱼类的食物主要是浮游生物，但浮游生物随海洋的水流、水温、盐分和营养盐类的成分含有量不同，其生长情况会有差异，有的地方丰富，有的地方就贫乏。这就造成了鱼类食饵分布的不平均，因而有些鱼类在一定时期，常常成群结队地游到食物丰富的地区去寻觅食物。

越冬洄游是鱼类为避寒而进行的"旅游"，如同大雁南归一样。在秋末冬初，近海的水温开始下降，鱼类感到寒冷，于是就开始成群结队地向外海较深的水域游去。这个较深的栖息水域，人们称它为"越冬场"，鱼类就在这里度过寒冬腊

月。鱼类在游向越冬场之前要做好充分准备，在达到过冬所需的脂肪量和保证性腺发育所需的营养之后才能游去。如果这一切尚未准备齐备，鱼儿还要暂时忍着寒冷继续索饵，直到储备物准备得差不多了，才能动身去越冬场过冬。

人们若能充分了解鱼类洄游的规律和特点，就可以大大提高渔获量。

鱼类洄游与节能

冬季，我们不能经常吃到新鲜黄鱼；夏季，同样也不能经常吃到新鲜的带鱼。这是因为在那些季节，不容易捕到它们的缘故。原来，渔民们在海洋上捕鱼，是根据鱼类在一定时期洄游的规律来进行捕捞的。冬季，我国沿海没有黄鱼洄游，所以吃不到新鲜黄鱼；夏季，没有带鱼在沿海洄游，也就吃不到新鲜带鱼了。

鱼类的洄游不仅给渔民提供了大量捕捞的机会，而且给了科学家重要的启示。

鱼总是成群地游动的，它们的行程甚至长达千百里。小小的鱼儿为什么能在"给养"并不太充分的茫茫大海中长途跋涉呢？科学家经过仔细观察，发现它们有充分利用大自然能源的良方妙法。

鱼群集游，大都成大小相同、两排交错地整齐排列。由于前排两条鱼向前游动，带动了这两条鱼之间的海水，使它形成了一股向前流动的水流。而后排鱼正好置身在这股向前流动的水流中，因此，后排鱼便可以在少消耗能量的情况下，与前排鱼等速前进。再后面的每两排鱼，如第三排与第四排、第五排与第六排……都是这样的关系。所以，整个鱼

群中，几乎有一半数量的鱼是处在节约能量的状态下前进的。同时，鱼群在洄游过程中，前后排还可以互相替换（如第一排和第二排互换，第三排和第四排互换……），使整个鱼群处在"劳逸"结合的状态中。鱼群正是利用这个节约能量的妙法来完成长距离洄游的。

深海鱼类

如果有机会乘坐深潜器，穿过波浪起伏的海面遨游水下，潜到 200 米深以后，透过深潜器的观察窗，就可以领略深海的景色了。太阳光的红光在 17 米以上的水层就已经被吸收了。往下，随着更多的阳光逐渐被吸收，海水先变绿，以后渐蓝，从 500 米处又由黑蓝逐渐变为灰蓝，然后越往下越暗，不到 1000 米就是一片漆黑了。这里不但温度低、压力大，而且还缺少氧气，大陆上江河的营养物质来到这里也不多。这样的环境，能有鱼吗？

目前，在世界海洋中已发现 100 多个科的深海鱼类，分布最广和最有开发前途的是鳕鱼类（无须鳕、长尾鳕、深海鳕等），这些鱼类广泛分布在南北两半球水深达 1000 米深处。另外，日本对澳大利亚、新西兰南部外海水域探捕表明，南方鳕、水龙虾等深海鱼、虾类都具有开发价值，在 300～600 米水深处，常有一网 50 吨的纪录。

另外，还有人认为，海洋底栖生物的分布与浮游动物的分布也有直接关系，故世界海洋底栖生物的分布也是不均衡的。北极和南

极底栖生物量最大，近赤道海区底栖生物量急剧下降，可见，北方和南方温带深水海区的底栖生物量，不亚于赤道和热带大陆架海区的底栖生物量。因此，也可以认为，南北温带深水海区的鱼群密度，不亚于热带和赤道大陆架海区的鱼群密度。

海鱼不咸

海水是咸的,其含盐量很高,为什么生活在海水里的鱼却没有一点咸味呢?鱼要喝海水,盐分要向鱼体内渗透,海产鱼起码也应该和海水一样咸才对。可实际并不是这样,为什么呢?

原来,生活在海洋里的鱼类及其他一些生物的体内都有自己天然的"海水淡化器",能把海水中的盐去掉,变成所需要的淡水。海龟在爬到岸边繁殖后代时,两眼淌着泪水,但这并不是因疼痛而落泪,而是在排泄体内的盐液。"鳄鱼的眼泪"是盐溶液。海鸥和信天翁等海鸟在喝海水时,把经过淡化的水咽下去,再把盐溶液吐出来。生活在海水中的鱼类虽不具备海龟、鳄鱼和海鸟那样的盐腺,但它们能靠鳃

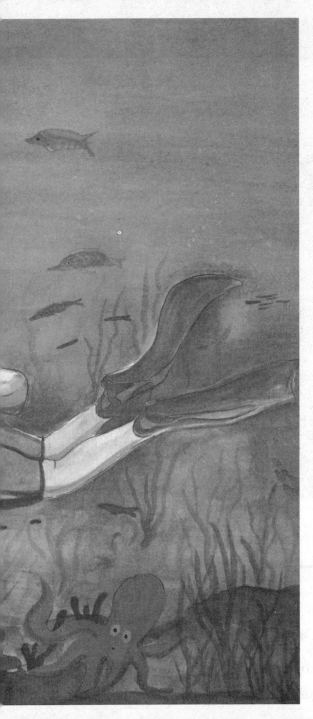

丝上的排盐细胞——氯化物分泌细胞来排泄盐。这些细胞把海水过滤为淡水的工作效率非常高，即使是世界上最先进的海水淡化装置也望尘莫及。这种高效率的细胞，可把血液中多余的盐分及时地排出体外，使鱼体内始终保持适当的低盐分。

另外，有些鱼可以来往于江河湖海之间，如刀鱼、鲥鱼、鳗鱼、鲈鱼，它们或是河中产卵，海中长大，或是海中产卵，河中育肥。它们的特异功能在于鳃片上的过滤细胞可以灵活地运用，随着海水和淡水的环境变化而进行不断调整。

科学家们正积极研究海鱼鳃片氯化物分泌细胞的原理和结构，以便为人类设计出最理想的海水淡化器。

海岛卫士——信天翁

信天翁是一种生活在海洋岛屿上的大型海鸟，体型大的长达1米以上，鼻孔都呈管状，左右分开。第二次世界大战时期，美国海军准备在北太平洋中途岛海域的一座荒凉小岛上建立军事基地，

他们派了几名侦察兵乘着夜色悄悄地登上该岛侦察情况，不料惊动了岛上的主人——信天翁。顷刻间，这些"海岛卫士"便一哄而起，直到把这些侦察兵全部赶下大海才罢休。

夜里登岛未成，只好改在白天继续进行。然而，登岛的士兵还没有到达岸边，成群结队的信天翁便鸣叫着一齐向登岛士兵俯冲，用有力的双翅、锋利的脚爪和长喙，拼命地向他们发起攻击，登岛计划又一次落空了。

1957年，美国海军又在中途岛周围的另一座小岛上建立航空基地。这里也有无数的信天翁，美国军方鉴于过去的教训，迟迟难以下手动工修建。后来，美军试图将海鸟从岛上"流放"到远方去，以摆脱它们的袭扰。但是，这些海鸟却有着惊人的记忆能力和坚韧不拔的毅力，一旦放到别处，就会很快飞回故乡。如此非凡的恋乡保家情绪是不多见的。

海鸥

鸥是一种益鸟。它常在海上礁岩的附近，群飞鸣噪，对航海者无疑是发出提防撞礁的信号；同时它还有沿港口出入飞行的习性，每当航行迷途或海雾弥漫的时候，观察鸥鸟的飞行方向，也可作为寻找港口的依据。

鸥鸟常成群在富有鱼类的海面上回翔，渔民们可根据它们的飞行动向探知鱼群的出没，因此，渔民们把它看成自己的朋友、向导。

每当晴空万里漫游海滨的时候，我们往往会看到银光闪闪的海鸥，展开双翼，非常平稳地跟随着海轮飞翔，仿佛系在轮船上放出的纸鹞一样。海鸥为什么追随海轮飞翔呢？原来，在海轮的上空，有一股特殊的力，托住海鸥的身体，使它不用动翅膀，就能毫不费力地进行翱翔。支撑海鸥飞行的这股力，不是我们想象的那么神秘，也不是轮船本身产生的，而是天空中的大气。

大气怎么会变成力，托住海

鸥的身体呢？这是因为，空气流动形成了风。由于大气中的气温差异，造成了空气团（风）的移动；尤其是在大海里，在空气团移动过程中，在途中遇上障碍物（如海面上的波浪、海轮和岛屿等），就上升形成一股强大的气流。科学家把这种气流叫作"动力气流"或"流线气流"。海鸥展开双翅，巧妙地利用这股上升气流，托住了自己的身体，紧紧跟随着海轮上空翱翔，节省了能量，可以飞向远方。

南极的象征——帝企鹅

南极这种极其恶劣的生活环境，使生物尤其是高等生物，被迫退出了它的领地。帝企鹅却偏偏爱上了这里，在这里生活、繁衍后代，成为南极的象征。

现今世界上长年生活在南极的企鹅仅两种：帝企鹅和阿德尔企鹅。不过，倘若以体型奇异、习性独特而论，帝企鹅可算是出类拔萃了。

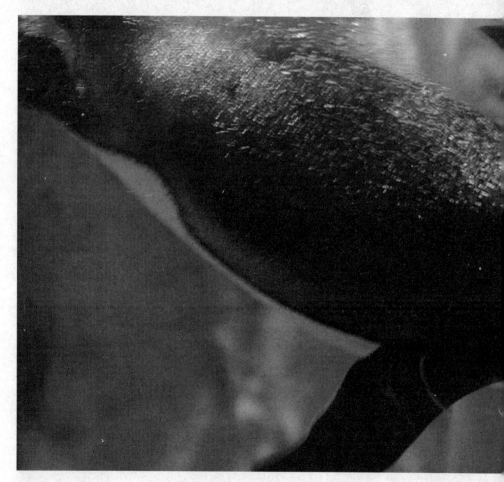

帝企鹅有"企鹅王"之称，它体高1米、重40千克，与另一种仅比人脚稍大一点的澳大利亚小企鹅相比，无疑是庞然大物了。

南极洲是一片白茫茫的冰雪世界，气候寒冷，地势高峻，风暴猛烈，景色荒凉。帝企鹅为什么偏偏选中了这块"宝地"呢？

原来，帝企鹅是最古老的一种游禽。它们很可能在南极洲未穿上冰甲之前，就已经来这里定居了。它们的主食是甲壳类和软体动物等。南半球陆地少，海洋面宽，可说是水族最繁荣的领域。这块充沛的食源地，就成了企鹅安家落户的好地方。

这位南极的"老住户"，由于数千万年历代暴风雪磨炼的结果，它们整体的羽毛已变成重叠、密接的鳞片状。这种特殊的"羽被"，海水难以浸透，尽管是零下八九十度的酷寒，也休想攻破它保温的"防线"。同时，它们的皮下脂肪层特别肥厚，这为维护体温又提供了保证。再加上南极洲过于寂寞的缘故，高级生物基本上找不到立足之地；相对的，企鹅的"种间斗争"，也不会遇到对手。因此，南极洲自然地形成了一块"与世无争"的安然宝地。

水母的"顺风耳"

海蜇在动物分类上属于腔肠动物门钵水母纲。这是一个相当古老的种类，远在5亿多年前古生代的寒武纪就已生活在海洋里了。

现在生存的水母除了海蜇以外，还有很多种，如海月水母、霞水母、尖头水母、高杯水母等。它们的行迹不定，来去无踪，是海洋中的"漂泊世家"。这个大家族具有相似的构造：身体很像一把撑开的伞，呈圆盘形或钟罩形。靠着内伞外胚层基部肌肉的收缩，伞就一张一合，借此在水中运动。在伞的外缘缺刻处有 8～16 个感觉器，能感知外界的刺激，以保持身体的平衡。内伞中央

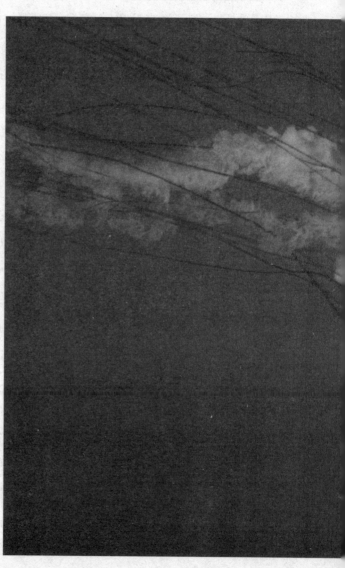

是口，口附近有口腕，可将食物送入口中，不能消化的食物仍由口排出体外，因此它们的口兼有肛门的功用。

水母有一种高超的本领，就是它那非常灵敏的"听觉"。原来，在水母的触手上生有许多小球，小球腔内生有砂粒般的"听石"。这小小的"听石"刺激球壁的神经感受器，就成了水母的听觉。这种奇特的听觉，能听到人耳听不到的8～13赫兹的次声波。就是靠着这种本领，水母居然可以提前十几个小时预知海上风暴的到来。

水母这种神奇的听觉在科学上很有价值。自从仿生学作为一门独立的学科诞生以来，科学家们对水母的听觉器官进行了深入的研究。现在已经有人设计了模拟水母听觉器官的仪器，用来预测风暴。

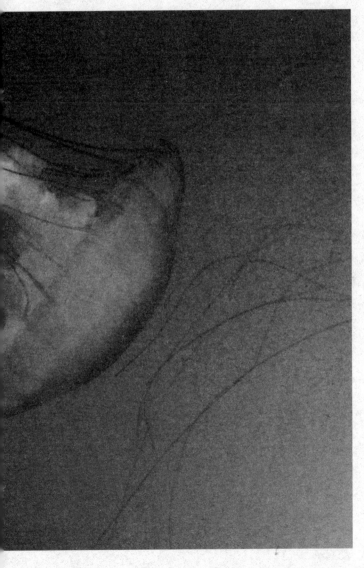

枪乌贼的"力学头脑"

枪乌贼又称鱿鱼，是大海中游得最快的动物。看它们的外形，就知道它们善于游泳：菱形的肉质鳍像把尖刀刺开海水，流线型的身体又减少了游泳的阻力。更重要的是，所有的枪乌贼都拥有"火箭推进器"——外套腔，利用喷水原理使身体前进。

枪乌贼的……套膜，外套膜……躯干外面包裹着一层囊状的外……里则是一个叫外套腔的空腔。一旦……灌满水，外套……腔的入口便扣上了，枪乌贼使劲挤压外……套腔，腔内的……水没处去，就从颈下漏斗喷出，喷水的……反作用力推动枪……乌贼向反方向前进。为了使自己获得……高速度，枪乌贼在……进化过程中，抛弃了沉重的外壳，……用轻软的内骨骼支……持身体……

枪乌贼的游泳……速度可达每小时50千米，逃……命时更高达每小时……150千米，被人们誉为"海……中的活鱼雷"。

本领最大的一种枪乌贼，能表演凌空飞行的绝技。这种枪乌贼体长 16 厘米，当它们以极快的速度跃上波峰借着下跃的浪头滑到空中时，菱状肉质鳍成为稳定飞行的"机翼"。枪乌贼能飞 7～8 米高，然后"呼"地落回海中。倘若不幸落在甲板上，便成为海员的美味佳肴了。

"魔术师"
——章鱼

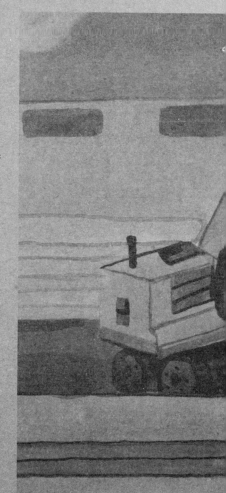

在蔚蓝的大海里，有许多具有"特技"的动物。章鱼就是其中一个博技多能、善于变幻的"魔术师"。

章鱼跟乌贼一样，同属头足类动物，因为它的"脚"长在头顶上。章鱼有8只长脚，活像8条带子，故有人称为"八带鱼"。其实，章鱼本不是鱼，而是一种贝类。

章鱼脚上长有强有力的大吸盘，平时嗜好孔穴，喜藏匿其中，吸附不出。人们利用它这个怪癖，得益不浅。

希腊的克里特岛，由于煤船的频繁往来装卸，海底堆积了厚厚一层煤块。渔民们常常捉来章鱼，拴上长绳子丢进海里，让章鱼到海底去抓煤块。再把绳子拉上来，煤块也就捞上来了。

章鱼抓煤块靠的是脚上的吸盘，吸盘的原理和人们治病用的拔火罐相似。章鱼则是利用肌肉收缩排出吸盘内的水，造成吸盘内外压力差而产生吸力的。章鱼吸盘的吸附能力很强，有时甚至能吸住比自己体重大20倍的煤块。

章鱼强有力的脚和吸盘还是它的武器。在海洋里，与它同样大

小的动物都受其害，就是最大的、装备最好的鳌虾，也难免成为章鱼的牺牲品。

　　章鱼凶残，可对其子女却照顾得无微不至。章鱼为了保护自己所生的蛋，常端坐蛋上，须臾不离，不吃不喝，以保下一代平安出生。

　　利用章鱼吸盘产生巨大吸力的道理，人们早已研制出许多用具和机器。常见的如"真空吸盘式"塑料挂衣钩。在工业上，人们利用这个原理制成了真空起重机。

从螃蟹横行说起

螃蟹，一般长 6 ～ 7 厘米，褐绿色。螯足强大，密生绒毛；步足长而侧扁。穴居江河湖海的泥岸内。秋末冬初，成熟个体迁移到浅海中交配繁殖。卵于翌年 3 ～ 5 月孵化。蟹苗从海中迁入淡水，发育成幼蟹。

你一定会发现螃蟹是横行的。可是，据科学家研究，螃蟹原来是向前或向后爬行的。那么，现在为什么横行呢？这与地球磁场的变化有关系。

科学家通过研究地磁历史知道，大约在最近300万年内，地磁极曾发生过三次方向倒转。这种倒转改变了螃蟹正常的生活规律，于是它不得不采取另一种新的方式赖以生存。螃蟹为什么对地球磁场这样敏感呢？原来，在螃蟹身体内长有定向用的小磁粒，由它产生行动信号。螃蟹经历了多次南北转向，指挥系统受到反复干扰，最后变为横行。

人类研究和利用地磁的历史也很悠久了。远在春秋战国时期，我国名医扁鹊就开始用天然磁石治病；明代李时珍也把磁石引入《本草纲目》中；公元11世纪末，我国劳动人民发明指南针并用于航海。至于动物利用地磁定向，更是不胜枚举。信鸽可以在两三千千米以外飞回老家；北极燕鸥每年都飞到南极过冬，长途跋涉半个地球而不迷途；太平洋的大马哈鱼不远万里赶到黑龙江流域繁衍后代。如果没有地磁导航，恐怕是难以实现的。

鳄鱼眼泪的启示

鳄鱼在吞食牺牲品的时候，要流眼泪。所以人们常常用"鳄鱼的眼泪"来形容那些凶恶而又伪善的人。

其实，鳄鱼流泪并不表示"悲痛"，而是一种必需的生理排泄。倘若你有机会把鳄鱼的泪水放在嘴里尝一尝，就会感到，其味道苦咸。泪水正是鳄鱼排出的多余的盐溶液。

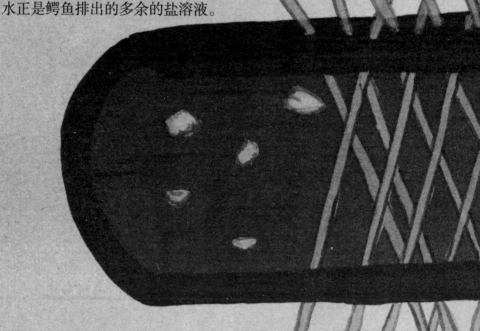

近年来，科学工作者在对海洋生物的考察研究中发现，有些动物的肾脏是不完善的，只靠肾脏不能排出体内多余的盐类。于是，这些动物就发展了帮助肾脏进行工作的特殊腺体。鳄鱼就属于这类动物。它排泄溶液的腺体正好在眼睛附近。所以当它吞食牺牲品时，由于嘴巴张合牵动腺体而排泄盐溶液，竟被误认为"假悲伤"了。类似鳄鱼的这种"流泪"现象，其他一些海洋动物也有。例如海龟，如果你把它捉到陆地上，有时就会发现，在它们身上也能找到像鳄鱼那样的盐腺。此外，像海蛇、海蜥蜴等也有这种盐腺。

我们知道，海水含盐量很大，不能喝，越喝越渴。海洋里的动物也是一样，需要喝淡水。对于肾脏不完善的鳄鱼、海龟等海洋动物来说，排盐腺体就是天然的"海水淡化器"。

这种"淡化器"构造很简单：当中一根管子向周围辐射出许多细管，形状如洗瓶刷子。这些细管又同许多血管交织在一起，它们可以把血液中过剩的盐分离析出，再经过当中那根管子排泄到体外去。于是动物得到的就是淡水了。

海蛇

海蛇本和陆生蛇是一家，其长度一般都不超过 3 米。最早也生活在陆地上，后来由于自然环境的变迁而下水，又重新返回生命的摇篮——海洋的怀抱里了。在长期的进化过程中，海蛇逐步适应了海洋生活，身体结构和陆生蛇有了很大差异。它的身体较陆生蛇侧扁，在游泳时，腹部可收缩，使身体呈三角棱柱形，以减少前进的阻力。蛇尾也侧扁，这是它强有力的游泳器官。海蛇游泳是靠尾部左右摆动拨水前进的，游泳速度很快。海蛇的鼻孔在吻端，朝上仰开，这样只要头部稍稍离开水面，便能呼吸到空气。海蛇和陆生蛇一样，都是用肺呼吸的。它的两个鼻孔内长有能随时启闭的瓣膜，可防止海水从鼻腔进入体内，一次吸足空气后，能潜泳很久。其舌下有盐腺，可把体内过多的盐分排出体外，体鳞下的皮肤也比陆生蛇厚，以防海水浸入。

海蛇在世界上主要分布于澳大利亚的西北和东部沿海、中美的西海岸及非洲东海岸，我国南方沿海也都有，但南海最多。

海蛇多栖息在沿岸近海海底，特别喜欢待在半咸水的食物丰富

　的河口地带，多以蛇鳗为食。绝大多数海蛇是卵胎生，直接产仔。

　　世界上所有的海蛇都是毒蛇，其毒腺分泌含有神经性毒素的毒汁，毒性较强。海蛇有咬人的习性，它被捉到岸上以后会更加凶狠。

　　海蛇皮可制胶膜，脂肪可炼油，肉可供食用。海蛇又是一种很好的药品，加中草药浸酒，有祛风活血等功效。

"活的救生圈"
——海龟

在太平洋、大西洋和印度洋的热带和亚热带海洋里，生活着世界上最大的龟——棱皮龟。

棱皮龟的背甲并不像其他龟那样具有坚硬的角质龟壳，而是被以柔软的革质皮肤。四肢由于长期适应海洋中游泳生活而呈桨状，前肢很长。背甲长一般为 1～2 米，体重在 200 千克左右；而最大纪录者，背甲长可达 2.5 米以上，体重达 715 千克。

棱皮龟终生生活于海洋中，善于游泳。前些年，波兰的报纸刊载了一条消息——"活的救生圈"，说的是一艘利比亚商船在尼加拉瓜沿岸遇到风暴的袭击，船员们顽强地同风浪做斗争。忽然，暴风把船员基姆从甲板上刮进大海。当时因为忙乱，谁也没发现基姆失踪了，船员继续按原来的航向航行。基姆在汹涌的大海中得不到别人的救护，只能独自同波浪搏斗，他很清楚，如果只靠自己的力量，最多还能坚持 10 米个小时。正在绝望之际，突然，他眼前出现了一个椭圆形的东西，这是一只巨大的海龟，他毫不犹豫地抓住了龟甲的边缘，吃力地爬了上去，于是大海龟用"背"驮着他向岸边游去。大约过了两个小时，瑞典油船"堡垒"号在离开尼加拉瓜海岸300千米的地方发现了基姆，只见他趴在大海龟的龟甲上，不安地抓着海龟，这时油船迅速地接近他，把他救了上来。

海龟导航之谜

海龟科的龟类在我国沿海有三个属、三个种。其中有一种就叫"海龟",大的可达 450 千克。另一种叫"蠵龟",可达 100 千克以上。还有一种叫玳瑁,其背部角板上布满具有光泽的黄褐色花纹。除此之外,又有一种棱皮龟科的"棱皮龟",和海龟科是近亲。海龟大都以鱼、虾、蟹、软体动物及海藻为食,活动范围一般离海岸不太远,迷航的船只往往能根据海龟的出没,判断陆地的临近。

海龟是一类大型海生爬行动物,生活在热带海洋里,偶尔随着漂流来到温带海域。但不在温带产卵繁殖。海龟是著名的海洋旅行

家，幼小的海龟自破壳之日起，便开始了旅行洄游的生涯，在漫长的旅游途中不断成长和发育成熟。当生殖季节快要到来之时，海龟们即使在千里之外，也要三五成群地结伴回到"故乡"——原产卵地交配产卵。

多年以来，人们对海龟万里航行不迷途的本领怀有极大的兴趣，美国科学家马克·格拉斯曼、大卫·欧文等提出：海龟具有气味导航能力。

科学家分析了吸引海龟的海水的特征问题。欧文说，每个海滩都有自己的动植物生命的"生物踪迹"，这种踪迹能提供一种特有的"生态气味"，而正是这种生态气味吸引了小海龟，并帮助它们认得回家的路。当然，海龟也可能具有诸如太阳定向、磁场定向等其他的导航能力。

海贝生辉

在辽阔的海洋里，生活着多种多样的贝类，它们除一部分被开采供食用之外，更多的是自生自灭，只剩下外壳被海浪、潮水带到岸边，散布在海滩上。

我国有着漫长的海岸线，从北到南，盛产各式各样的贝壳。如辽东半岛南端的大连，出产虎斑纹蛤片，喇叭状海螺，彩云般的蛎壳，珍珠似的扁螺。而西沙群岛有形似圆锥、表面有赤紫斜纹的马蹄螺；有外披红纹、里呈乳白的砾磲贝；有大得像椰子的椰子螺；有小得像雨伞的伞贝；还有美丽的锦身贝、凤凰贝、花瓣贝、初雪贝、蜘蛛贝、

鹅掌贝、扇贝等。

　　利用贝壳作为艺术点缀品和生活实用品，在我国有着悠久的历史和光辉的成就。在贝雕艺术展览会上，我们可以看到利用各式各样的贝壳雕刻、磨制、粘缀、组合而成的挂屏、屏风等风光艺术品，以及烟具、文具、台灯、瓶插和鱼缸等实用工艺品，其中如用整个贝壳雕空的"云母拾花"，珠光闪璨，胜似玉璧；用大型海螺叠串成的台灯、壁灯，形态自如，美观实用；用杂色小螺串成的手提包，工细花匀，别具一格；用贻贝壳等胶合而成的"梅瓶"，小巧玲珑，分外可爱。这些工艺品之所以惹人喜爱，除感谢大自然为我们造就如此丰富多彩的贝壳之外，更应该钦佩艺人们独到的匠心。

企鹅珠母贝

对珍珠的采捕和利用，我国是世界上最早的国家之一，据查考，早在春秋时代的《书经》中就有关于珍珠的记载。

珍珠分为海洋珍珠和淡水珍珠两大类，这两类珍珠都有很大的价值，质量却相差很远。海洋珍珠大部分是大而圆的色泽光艳的有核珍珠，其价值通常比淡水珍珠大几倍。

企鹅珠母贝，属热带、亚热带外洋性大型贝类，喜栖息在潮流强、盐度高、水深5～60米的海区。该贝体形呈斜四边形，又因其状似南极企鹅而得名。成贝大者壳高约25厘米，体重1.5～2千克。壳面呈黑色，壳内面的珍珠层呈银白色，并具有虹彩光辉，艳丽异常。

由于企鹅珠母贝珍珠层的贝壳分布广，且珍珠层增厚的速度比其他任何珍珠贝都快，故最适宜养殖半球形附壳珍珠。同时，它也是生产大型正圆游离珍珠较理想的珠母贝。该贝所育的珍珠，颗粒

圆润，珠光柔和，色彩丰富，有银白色、淡蓝色、粉红色、古铜色等。

　　企鹅珠母贝除了能孕育大型珍珠外，贝壳的珍珠层是十分贵重的药材，它还可作为高级纽扣和镶嵌精美工艺品的原料等，它的肉质味美，营养价值高，是难得品尝的"海味"之一。

异常珍贵的鹦鹉螺

鹦鹉螺，虽然名字叫"螺"，却跟我们常说的海螺不是同类，不属于贝类。一般的海螺，贝壳都是螺旋形，鹦鹉螺的却不是。

鹦鹉螺生活在台湾海峡、南海以及马来群岛等地的海里，活动力很差。然而，它死后的外壳，没有沉入大海，却能漂到数千里以外。

有趣的是，鹦鹉螺能浮能沉，可以生活在几百米深的海底，那里海水的压力有几十个大气压。可是，它也能升到只有一个大气压的浅海。

鹦鹉螺与乌贼是同类，它们的运动方式也相仿。它像乌贼一样，靠把水吸进去，然后再喷出来，产生推力来推动身体前进。

在浮沉方面，鹦鹉螺十分具有天赋。鹦鹉螺的壳分成将近30个小房间，里面充满了气体——以氮为主。在各个房间当中，贯穿着一根细管子，通过细管子可以调节气体。当这些小房间里充满气体的时候，鹦鹉螺就能上浮；只要把气体放掉，它就能下沉。

鹦鹉螺的小房间——空腔，充入气体就成为浮袋，这是十分高明的本领。潜水艇的浮沉也利用了空舱，不过是靠充水来下沉的。

鹦鹉螺一死，肉就脱落，剩下的壳立即上浮，在水面顺风漂去。这些壳就跟椰子壳一样，靠着海流和风漂到几千千米的远方。这叫死后分散。

鹦鹉螺有海洋活化石之称，活体极难采获。

珍珠的身世

　　提起珍珠，人们就会觉得它很珍贵。珍珠之珍，不仅因为它外表晶莹绚丽，熠熠闪光，更重要的是，它具有很大的使用价值。

　　珍珠是一种名贵的中药材，它具有表热解毒、平肝潜阳、镇心

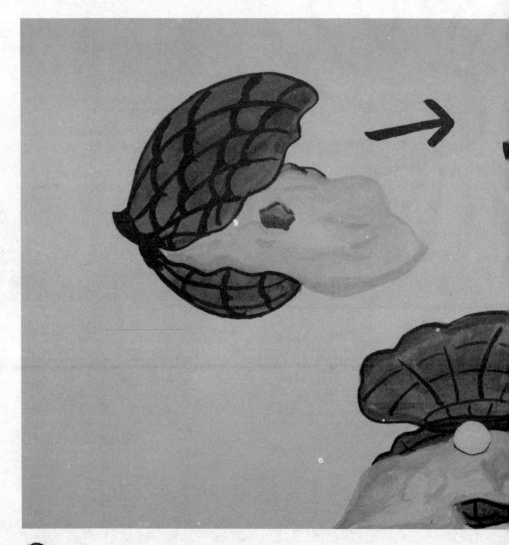

安神、止咳化痰、明目止痛和收敛生肌等作用，特别在中医、小儿科诊治中应用十分广泛。

珍珠还被人们加工成贵重的装饰品，畅销于国际市场。同时，它还可以用来制作成珍珠牙膏、珍珠雪花膏、珍珠酒等日用品和副食品，以供人们生活的需要。

我国是世界上采捕和利用珍珠最早的国家之一。据查考，早在春秋时代的《书经》中就有关于"珍珠"的记载。宋代发明了养珠法，明代又发展成淡水养殖。

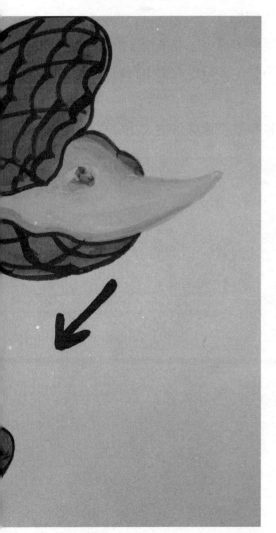

珍珠的矿物成分是"文石"，主要化学成分是碳酸钙。质地纯净的珍珠洁白如玉；含铜或银较多的珍珠呈金黄色或奶油色；含钠和锌较多的珍珠呈肉红色或粉红色。

珍珠是怎样生成的呢？原来海贝或河蚌在遭到砂粒或小虫的入侵，并嵌入其软体时，贝壳动物就排出一种分泌物将刺激源（砂粒或小虫）一层又一层地紧包起来，形成一颗小圆珠，从而生成了天然珍珠。难怪有人说，珍珠是贝壳动物"在无可奈何的情况下产生的东西"。

人工育珠

珠可以制作高级装饰品，也是一种名贵的药材。

自然采珠由于珍珠贝分散在茫茫大海中，海底捞珠贝十分辛苦，产量也不高。随着人们对珍珠成因的进一步了解和技术的进步，现在已形成一套人工培育珍珠的科学方法。

为了培育珍珠，首先必须有足够的珠贝。其来源多数是采集天然生长中的稚贝（以2～3龄者为佳），但也有采集贝苗之后由人工育成稚贝的。

其次，是进行插核手术。插核颗数视珍珠贝的大小、核的大小

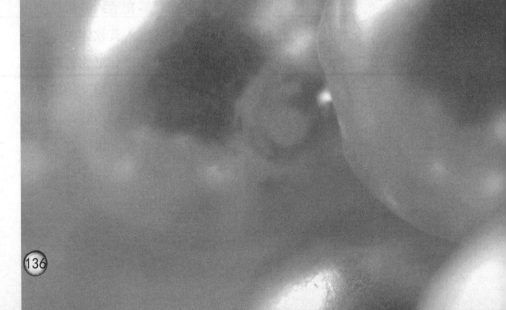

和插核技术水平而定，三五颗不等。然后把这些珍珠贝放在各种金属丝编成的笼子里，吊在安装于海面的竹筏或木筏上，进行养育。也可用尼龙丝等穿过贝壳的适当部位，然后成串缠络在竹竿或绳索上，再插入浅海或吊挂在竹、木筏上，进行养育。养育过程中，要注意水温的变化，调节水层（即将珍珠贝提上或沉下），刷洗附着在贝壳上的淤泥和海藻，并经常清除敌害，使珍珠贝顺利生长。经过两三年的培育，珍珠贝体内的核就逐渐形成珍珠了。

插核

"插核"就是用一般贝壳碎片磨成球状小颗粒，跟取自其他珍珠贝外套膜的小切片一起，插入珍珠贝体内的适当部位。

收获加工是最后阶段，在收获之前，要检查珍珠是否已达到商品要求，以确定收获时间，破贝取珠。除获得人工插核珍珠之外，往往还可获得一些在珠贝养育过程中所形成的天然珍珠。所获得的珍珠，还需经过清除表面附着物，漂白或染色等一系列的工序，才能成为商品珠。作为项链的，还需要进行穿孔、串珠等工序。

鲍鱼的神奇吸附本领

鲍鱼外形如同人耳，看上去像个低扁而宽的贝壳。幼年时它吃海中的浮游生物，逐渐长大后，即以海带、裙带菜等藻类植物为主食。长成1千克鲍鱼，需40多千克鲜海带。鲍鱼长到5～7厘米即可采摘了。鲍鱼常栖于浅海岩礁裂缝或洞穴中，外披扁宽的硬壳。鲍鱼的腹足极为发达，平展的足面几乎与壳口一样大小。这腹足不仅使鲍鱼能以每分钟50～80厘米的速度爬行，而且有惊人的吸附力，一只壳长15厘米的鲍鱼，吸附力竟高达200千克。当鲍鱼遇到敌害时，便紧紧吸附在岩面上。这时候除了章鱼能用它的腕吸附鲍体，堵塞鲍鱼的呼吸孔，使之窒息而失去附着力外，大多数敌害都只能望"壳"兴叹，毫无办法。

鲍鱼一般栖息在水深20米左右的潮流通畅、水色清晰、海藻茂盛的岩礁地带，具有昼伏夜行的活动规律。

　　鲍鱼是雌雄异体的。每年7月至翌年1月是产卵期，受精后的卵子悬浮于海水中，在水温适合时，经过6小时发育后，胚体具纤毛，能在水中游泳。

　　鲍鱼营养丰富，味极鲜美，自古以来就被视为海味珍品。由于天然鲍鱼产量甚少，故售价较昂贵。

　　鲍鱼也如珍珠贝一样，能产生天然珍珠。其珍珠往往颗粒大，色彩也更加鲜艳，因而价值很高。

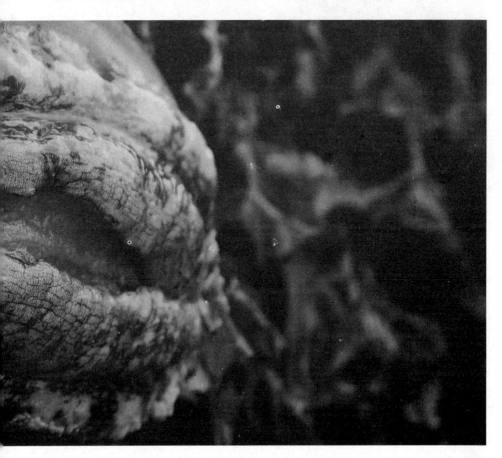

海参之王——梅花参

海参是海洋里一种名贵的海珍品，生于热带海洋的珊瑚堡礁和珊瑚泻湖带、水深几米至几十米的海底，摄食细沙中的有机碎屑

和各种微生物。一般情况下，潜藏在珊瑚礁丛中，在退潮的时候爬出岩礁在砂底觅食。天气好、阳光足、潮退后期流速减弱时，梅花参出现最多。而风大、浪大、流急时，则深藏不露。

梅花参最大者体长可达 120 厘米，重 10 千克，故称"海参之王"，比北方刺参要大好几倍。它形似长圆筒状，体色十分艳丽，背面一般呈现出美丽的橙黄色或橙红色，还点缀着黄色和褐色的斑点；腹面带红色，20 个触手一般都呈黄色。头部口腔周围有盾形触手 20 个，充分伸展时美如葵花；背面有肥大的肉刺，每 3 ～ 11 个肉刺的基部相连，有点像梅花瓣状，所以人们称它为"梅花参"。

梅花参经济价值很高，既是滋补品，又是抗癌海产。它每 100 克含蛋白质比鸡蛋还多 6.7 克，而且还含有大量的氨基酸、硫酸软骨素，有一定的防衰老作用。据国外研究，梅花参还含有海参素，它的粗制溶液能抑制某些肉瘤和癌的生长。近年来，我国科学家研究发现，海参含有黏多糖。经过动物试验，它能制止癌细胞的生长和转移，起到抗癌的作用。

"海八珍" 之首
——海胆

    人们在海边沙滩上经常会发现一小团深褐色的、布满长短不一的棘刺的小动物，这就是海胆。全世界已发现的海胆有950多种，我国有100多种，其中大连紫海胆等10多个品种可供食用。

    大连紫海胆生长在海藻丰茂的岩礁底、石缝间，主要分布在水深10米以内的浅海区域。海胆依靠棘刺行走，行动缓慢，它白天隐藏在石礁缝隙，夜晚外出寻找食物，活动频繁。它以各种藻类和浮游生物为食，尤以海带和裙带菜为主要食物。在海带、

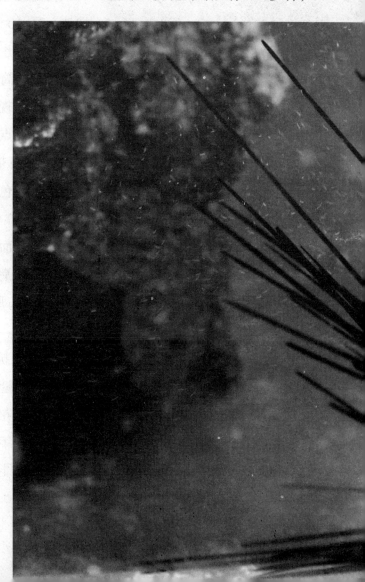

裙带菜养殖区域，海胆个大体肥，生长迅速，成熟较早。

　　每年六七月份是海胆的盛产季，这时拿一个海胆，用手掰开，就可以看到一个黄色的小团，这就是海胆精华的所在——海胆黄。它除含有丰富的天然激素物质，还含有大量动物性腺特有的结构蛋白、磷腺等重要活性物质。它既可生食，也可加工成海胆酱或生物制品。

　　中国是世界上最早认识到海胆黄之功效的国家。早在明代，炼丹师们利用海胆黄制成"云丹"专供宫廷，用于强精壮阳、滋补养生。日本也把海胆黄制成的海胆酱列为高级食品，专门陈列于超级市场中。我国可供食用的主要有紫海胆、刺冠海胆、马粪海胆，其中尤以体内不含化学污染的渤海湾紫海胆为上品。海胆不仅其黄可食用，其壳还可制中药，有抑酸止痛、清热消炎、软坚散石、化痰消肿的功效。

海绵

传说，在地中海的克里特岛南部海滨，有个名叫安则东的村庄，全村男女老少都有熟练的潜水本领，靠采集珊瑚和珍珠为生。

有一天，王宫贵族派出官兵，限令村民在 3 天之内交出 10 千克珍珠，否则把全村男人处死。珍珠生长在珍珠贝里，人们从海底捞取几十、几百个珍珠贝也采不到几颗珍珠来。3 天的期限到了，凶狠的官兵把全村人集合起来，准备把男人都杀掉。千钧一发之际，一个十七八岁的小伙子走出来对官兵说："再多一天，我保证采足 10 千克珍珠来。"他就是潜海能手格拉古斯。官兵为了得到珍珠，只好同意他的请求。

地中海的珍珠贝大都生长在二三十米深的海底，古时候没有先进的潜水装备，只能靠人屏气潜水去采集。格拉古斯为了增加身体的重量，加快下潜速度，他抱着一块大石块，跃入水中。几分钟以后，他抱着一大块绿色的东西浮出水来。他举着这块东西对官兵说："我在海底寻找珍珠，碰到海王。我说我是克里特国王的使者，特来问候海王。海王大喜，送给国王这件礼品，把它放在宝座上，坐了能

延年益寿。"

　　官兵不知道这是格拉古斯编造的神话，信以为真，慌忙把礼品送往王宫。国王看到礼品十分高兴，召见了格拉古斯。格拉古斯把礼品埋在沙中，让它脱去水分，变成了白色的东西。放在宝座上，国王坐着极为松软舒适。

　　"海王"的礼品是什么呢？是海绵。海绵是低等多细胞腔肠动物，多生在海底岩石间。它身上有许多许多小孔与体内管道相通。因为有海水流经小孔，海绵就可以从水中吸取营养。海绵脱水后变白的东西是它的骨骼，叫海绵丝。

"建筑家"——珊瑚虫

珊瑚有很多种，但有一个共同的特性：就是生活在海里，特别喜欢在水流快、温度高、比较清净的暖海地区。

珊瑚虫是生活在海底的一种很微小的动物，它的体长不过几厘米，而柔软得就像胶质的一样。

珊瑚虫在海洋动物中，极为娇养，需要有一个温暖的环境。它怕凉，温度低于20℃就不能生存。它不能生活在太深的海水里，80米以下的海水，由于温度低、压力大，它受不了。必须是在海水的盐度适中而又洁净的地方，它才能很好地生活下来。珊瑚虫虽然需要娇养，但却十分勤劳，它在广阔的海底里建造出了无数的岛屿。

珊瑚虫群居在海洋下面的石质高地里，它们从海水中吸取的食物经过消化后就排泄出石灰质。它们又用这些石灰质做材料，为自己柔软的身体建造一幢幢保护层式的房屋。珊瑚虫的房屋，虽然是一个很小的细管子，可它们愿意把房子建筑在一起，毗邻而居。这样时间长了，它们的子孙越来越多，但它们并不靠老子的遗产，而是另创家业，自己另建新居。群居的珊瑚虫不断重叠地向着海面建筑自己的房屋，建多了就露出了海面。这些建筑年代深远就成了坚石，在波涛汹涌的大海上突出，海水飘来了沙石，海鸟衔来了种子，水又冲来了植物，于是草木生长，海鸟巢居，出现了数千里的陆地，形成了海岛。这就是珊瑚虫联合一起创造的奇迹。

珊瑚礁

地质工作者在研究珊瑚礁时，了解得最早的问题是珊瑚礁与地壳运动的关系。珊瑚礁形成于离海面50米的范围内，所以，如今高出海面的珊瑚礁，无疑是地壳相对上升的结果。反之，海面50米以下的珊瑚礁或覆盖在海底火山锥的巨厚珊瑚礁，则证明那里的地壳发生过超乎珊瑚礁成长速度的下沉。此外，从堡礁和环礁的成因来看，它们也标志着地壳的下沉。

其实，根据珊瑚灰岩的形状、厚度和分布的特点还可以了解到地壳运动的性质和特点。例如，印度洋中的帝汶岛，珊瑚礁在岛的中部已经抬升到1200米以上的高度，而岛的四周海滨却逐渐降低。这就表明，该岛处

于穹状隆起的过程中。

因为珊瑚礁常常以海底火山为其建筑的基底，而海底火山的分布又常与断裂带相关联，所以，研究古珊瑚礁，特别是古环礁，有助于判断古海底火山及断裂带。

根据地层中珊瑚群的种属变化，不仅可以作为划分地层时代的依据，而且对于了解沉积环境（沉积相）也具有重大的意义。例如，发育在数十米深的古浅海海底的珊瑚礁，多混有脆性的苔藓虫类、苔藓状和古杯状的石灰藻、薄壳的贝类以及深水有孔虫等，礁内夹杂的沉积物也大都是细粒的。而发育在激浪带的珊瑚礁，混杂的动物化石，不仅种类较少，而且不完整，大多是海胆、巨大的腹足类、厚壳的斧足类和钻孔的软体动物等，夹杂的沉积物（如沙、砾等）粒径也较大。

开发"海上粮仓"

辽阔的海洋不仅是矿产资源的宝库，也是人类最大的食物仓库。海洋科学家认为，海洋里资源的潜在力十分巨大，每年可以为人类提供 500 亿吨以上的食物，是现在实际产量的 1000 倍以上。但是由于滥捕、污染问题日益严重，海洋鱼类资源已经不能满足人类的需要。许多海洋生物学家认为，目前对海洋鱼类资源的开发和利用已经到了一个重大的转折时期。这个转折如同陆地上从采捕野生动植物为主，转为增殖、养殖为主的时代，目前，开发和利用海洋生物资源的新途径有三种方法：

第一种方法，在沿海沼泽地带建设池塘，养殖非食肉性鱼类。

第二种方法，采用网箱式和放牧式养肉食鱼类，以放牧式最有前途。

第三种方法，在港湾和沿海水域进行放养种鱼苗，让其自行生长，人为地提高重要的地方性经济鱼类的资源补充量。

海洋里还生长着 10 万种以上的植物，其中最重要的是藻类。藻类营养丰富，含有糖、蛋白质、矿物质和多种维生素。现在已经能从海藻和海带中提炼出 40 多种

物质，分别用于食品、制药、纺织工业等方面。

从发展的眼光看，除发展鱼类和藻类外，海产食物最丰富的来源要数浮游生物了。浮游生物就是在显微镜下才能看到的小动物和小植物，它们繁殖力很强，充斥于海水中，其数量之大，种类之多，是任何其他生物所不能比拟的。正是这些小生物把海水配成了丰富的"营养物"。